哺喂孩子的心灵

孟迁 著

作家出版社

够好父母

够好的父母对自己够好，

他对自己温柔体谅，

如同对孩子一样；

够好的父母不为孩子牺牲，

因他知道，能够给孩子多少自由，

全看自己有多自由；

够好的父母笑看自己的"过失"，

因他知晓，完美不是一个选项，

而是一种幻想；

够好的父母知道"教即以身作则"，

所以，他关注的不是自己的"教"，

而是自己的"是"；

够好的父母常常感恩，

在他眼里，孩子的存在就是给予，

自己的存在也是。

序言

◎ 尹建莉

小迁这本书会被分类为家庭教育，但这样的定义远不能表达本书的内涵。

读这本书，你首先会感受到字里行间流动的爱。小迁某种程度上像是孩子们的代言人，为纯真的爱代言，同时也为那些需要被看见的父母代言——在引领父母们学会爱孩子、爱自己方面，作者显示出如此良好的专业素养，所以你首先会认可他是一名深具智慧的教育工作者。

跟随着作者的文字前行，你的心会不断地被震动到，很多颠覆性的观点让你更愿意称他为思想导师，因为他洞悉生命本质，带领大家进入的不仅仅是育儿领域，更是自我成长的天地。小迁真正能看见人，所以他不仅懂孩子，也懂他们的父母。他把孩子和父母放在绝对平等的角度上来看待，即关注的都是他们作为"人"的属性，而不是角色属性。这决定了他思考的基础、格局和习惯与众不同，仅这一点，已极为可贵，世间稀少。

同时，你还会觉得他其实是个文笔精美的浪漫诗人。他的文字非常有张力，有冲击感，表达上既彻底又新颖，遣词造句看似漫不经心，实则非常考究。抛开思想层面，仅仅是文字层面，本书亦充满美感。

　　小迁平时是个很随和的人，让人感觉亲切、温润，但在写作中，他用心地和这世界保持着距离，冷静得近乎冷峻。他不想做别人的权威，也不要别人做他的权威。面对任何问题，他都不会放弃独立的思考和理解，不会放弃亲身感知和省察的权利。一切左右人们意识的东西，习惯、身份、权威等在他这里毫无用武之地。

　　一个人的视角广度决定了他的慈悲深度。真正的思想独行者，不仅站在远山抬头仰望，更会俯身拥抱世界。读小迁的这些文字，你会觉得作者其实离你很近。他不在讲台上，不在远处，就在当下的书桌旁，在你身边，像朋友一样陪着你。

　　这陪伴，有高度，有深度，更有温度。既带来意识上的大轻松，也带来心灵中前所未有的力量。

再版序

我并不在这本书的外面

父母给自己的是什么,他们给孩子的就是什么。父母对孩子的看不惯,背后是对自己的不允许。如果他很在意外在眼光,自然就会害怕孩子丢他的面子,也会对孩子强调取悦环境和背负他人期待的当然性;如果父母有生存恐惧,那么他就会紧紧地寻求保障而不是自然地流动和创造,并把这当作爱和真理向孩子传递。

显然,父母的内在成长,和他们会做什么样的父母是一体不分的,就像我作为作者不可能在书的外面。

这本书与其说是我的教导,不如说是我的学习,它的写作历程就是我的成长历程。写"认同"时很容易,十来天就写完了,后面就越来越难,前后用了六七年,表面上是写不出来或者没感觉,其实是我内心还没有生长出来。尤其是接纳的部分,在没有对生命的笃定信任之前,我是无法接纳"变化无常"和"期待落空"的,自然也无法把平安和信任诉诸笔端。

关于亲子生活,我知道眼下世界里最主要的声音是

"如何更好",而我渴望分享的是"什么是爱"。我并不确定,假如孩子符合我的期待就一定好或者不好,因为我不能确定自己认为好的就是真的好,我没有智慧看到孩子整个人生乃至相关背景的全貌,也没有能力了解一件事情的发生其真正的意味是什么。然而,有一点我可以把握,就是觉察自己是否在爱的状态里,以及自己是基于爱还是恐惧对孩子说话。只要是在爱里,我相信,一切都不会错。

当我在爱里,我会更想聆听孩子而不是告诉他什么;当我在爱里,我会尊重孩子不听从我,甚至不喜欢我;当我在爱里,我会在意孩子的渴望和困难是什么;当我真的在爱里,我会看见孩子对我的爱,而萌生感恩;当我真的在爱里,我不会相信自己会被考验或惩罚,即便自己的表现似乎没那么"好";当我真的在爱里,我会相信未知爱我,相信孩子和自己一样被天地祝福,和自己一样有内在智慧的提醒和指引,和自己一样有外在应愿而来的助缘。

本书曾经在 2017 年出版过,这次再版,有四万字左右的增删和一百多处的修订。每一本书都像一个人一样有自己的故事,但我不想就此占用读者更多的注意和时间,我只想感谢,我由衷地感到被爱,在和这本书有关的十几年的旅程中,我由衷感激每一位相关的朋友(有的已然去世),请原谅我不喜欢排名排座,我只想认真地说,是每一位!

此间,我感到一股慷慨、温厚的爱流,滋润我、流经我,又通过这本书流向无数朋友敞开的心窗……

青岛·星海湾

2025 年 4 月 22 日

自序

爱如氧气

每次坐飞机，都会有美丽的空乘教我在危急的时候怎么帮助自己，她们会亲身示范如何使用氧气罩，并且总不忘记提醒我，如果想帮助身边的儿童，一定要先把自己的氧气面罩戴好。我觉得，亲子教育和这一样。

爱，如同氧气，缺了就不能活；爱人，也像戴氧气罩一样，要想爱孩子，我们得自己先在爱中。

那么，什么是爱呢？如何去爱呢？

我觉得这是无法定义、定义了也没用的，因为，爱是内心的体验，不是言辞或形式。我们如果真想了解爱是什么，而不是以爱为理由对孩子做什么或者要孩子做什么，不妨去问孩子：宝贝，什么时候你能感到我爱你？

孩子的成长，是父母的修行，爱孩子的前提是我们首先要爱自己。如果我们对自己总是催迫，我们也只会对孩子说"快点儿，来不及了"；如果我们对自己没有悦纳和感谢，我们看待孩子的眼神也必然是"期待他更好"。你对自己的信任有多深，你对生命的了解有多深，你对孩子就有多信任和欣赏；反之，你难免会在焦虑和内疚中打转。

探索亲子之间爱的流动和我们自己的个人成长是本书的核心，我选择"认同、安全感、重视、接纳"作为阐述的角度。能够"认同"自己的父母，他们懂得自我确认，不再依赖外在认可，他们对孩子的欣赏和肯定出于自然，而非学来的某种鼓励或者安慰孩子的方式；安全感好的父母，有清晰的界限感，更支持孩子对自己做主，不会因为对孩子说"不"而内疚，也不会因孩子对自己说"不"而恼怒；懂得"重视"的父母，不会总把孩子放在优先地位，他们自己活得有声有色，同时很自然地在意孩子的感受和意愿，孩子也在这种氛围中充满活力和热情；而真正的接纳则需要父母对生命有更深入的认识和信任之后才降临，这种状态的父母其内心的恐惧和执念少了很多，和曾经不停地操心未来相比，他们现在变得更看重和感恩眼前的生活，和曾经的焦虑相比，他们不再试图把控，而懂得凡事皆有善意，一切不是问题。修习过这四门课程的父母，会变得从容平和，他们和孩子的关系亲近又开放，彼此感恩又互不背负，父母不觉得自己对孩子有莫大的责任，孩子不觉得自己要满足父母的期许，他们彼此独立自主，又以情相惜。

"认同、安全感、重视、接纳"中的每一点，都可以说意味深长，也真是值得花些工夫。本书的内容是我践行了七年有余的体会，我相信我能做到的，任何人都能做到，无论是你，还是你的孩子。

在书的后半部分，我强调了一个观点：父母对孩子的影响格外重要，但不具有决定性。对于前者，人们已经逐渐达成共识；对于后者，人们的感知可说刚刚开始。

"父母"之所以重要，是因为毫不设防的孩子，在很长一段时间里，把父母当作最重要的人生参照，这个参照既全面又深刻。父母影响孩子只有一种方式，即"以身作则"。并非"以身作则是最好的教"，而是"以身作则"是唯一的教。如果父母心口不一，孩子不仅不会相信父母口中所说，还会看到一个不诚实的表率。

做父母的难处不在于孩子多么难带，而在于父母自身尚不成熟。身为父母的我们还不能平和、从容，我们自己童年的恐惧无法不投射到孩子身上，我们不知道怎么爱自己的时候也自然无法善待儿女，我们不懂得尊重自己的时候，自然也无法避免对孩子越界或者被孩子越界……

然而，这些并不是问题，问题只在于我们把做父母看作一个教导的过程，而不是一个学习的过程。

对自己仁慈些，把生活看成学习的过程吧！这样，当你犯错的时候，不必后悔，因为你是在学习呀；当你做不到的时候，不必自贬了，因为你是在学习呀；当你状态不好内心不安的时候，不必再因此自责了，因为你就是在学习呀。你以为放下"教导"的担子，生活会变得更糟吗？不，相反，不知道要好多少倍！

父母对孩子的影响没有决定性，这绝对是一个好消息。这首先意味着"过去"和"父母"对我们没有决定性，我们现在可以做自己的主人；若你能够体验到这一点，你自然也相信孩子有自己的路，他们和我们一样是自己的主人，他们和我们一样拥有爱、成长性、内在智慧的指引，以及整个存在对他的护佑。

倘若有一双眼睛，从我们人生的尽头回看亲子生活，我们会发现，我们无法为孩子负责，也无须为孩子负责，我们能做的最好的就是珍惜和享受与孩子的相处；我们会愿意大幅降低对孩子的期待，而只是去爱孩子，也欣然感恩孩子的爱，亲子生活本就是世间最美好的体验之一。

由衷感谢你对这本书的接纳和敞开，当你被书中的任何一处感动，我们的心就在那一刻相连了。

请允许我向你致敬，祝福！

孟迁

北京

2016 年 11 月 26 日

目录

第①章
为了孩子，我们不需要做那么多

如果你觉得一件事情太复杂，多半是你想错了；如果你觉得一件事情太难，多半是你没做对。如果你把"培养好孩子＋成为好父母"当作目标，那就太难太复杂了；假如你放轻松，只是出于爱而非恐惧去想、去学、去做，你会发现一切迎刃而解。

孩子需要的只是爱

我们知道，一个小孩子，只要生理营养足够，他就能自然地发育、成长，走路说话都不用教，他能发声就自然地在环境中吸收到母语，他能动就自己动，能爬就自己爬，身体需要他运动，他就特别爱运动，即便长大后是宅男，但小时候也没有孩子不爱跑不爱动的，仿佛孩子身体里有一颗种子，你只需要提供适宜的土壤，它自己就能健康地成长、成熟。孩子的心智也是一样，只要心理营养充足，他只要感到安全，感到被重视，父母给他良好的回应，而不是否定他、恐吓他、限制他或者催迫他，那孩子的心智也会自然地发育和成熟，而且能完成他成长中需要面对的所有任务，包括学业、人际交往、心理建设等方方面面的任务。

现在社会上关于育儿、亲子关系的书籍多到让人眼花缭乱。好多父母朋友很有爱心、很有进取心，然而，当他们亦步亦趋又无法把握的时候，反而会使他们在达不到目的时自我批判。当"专家"们在媒体上强调"培养健康的孩子，必须做到多少件事"的时候，父母们常会因为做不到或者不能完全做到而内疚、自责。

现在的时代，好的理念、好的方式、好的经验的确有很多很多，然而万变不离其宗，只要你能够给到孩子心理营养，你做什么都好，不做也没问题；

相反，如果你没能给孩子足够的心理营养，而是执着于某种具体的形式和结果，反而会使其成为自己和孩子的双重枷锁。好的形式和好的选择有很多很多，但没有一样是必需的。只要你能给孩子心理营养，其实怎样都好，你不需要做那么多，不需要那么忙、那么累、那么紧张。

我见过一位自闭症孩子的单亲父亲，他只是不批评孩子，话很少，默默地做些最基本的事，结果这个孩子发展很好，而且身边的人都很喜欢他；我自己的父母，没怎么上过学，我上初中开始，妈妈就对我说"你的事情我也不懂，你自己看着办吧"，父母不能给我什么支撑，也从不给我什么阻挡，我终于遵循内心走出自己的路。

我做的第一个托管实验，我只是相信那个孩子，几乎没有限制和要求，他问我"可以出去玩吗"，我说可以，"可以打游戏吗"，我说可以。结果他玩完就学习，他是他们班出去玩最容易的孩子，也是他们班学习进步最快的孩子，最终从濒临辍学到考上重点大学。你以为是我相信他，他才有这样的自觉吗？不是，他的心和我、和你、和所有人是一样的，那个向上向善的种子本来就有、与生俱来，我的相信只是没有干扰他（担心和怀疑就会打扰），我的相信只是支持他相信自己，他内心的力量和智慧是本来就在的。

心理营养就是爱

既然孩子需要的只是爱，我们只需爱孩子，这个很简单，为什么生活中有那么多问题呢？

因为，虽然我们对孩子饱含爱心，但是具体如何做却是由我们的信念系统决定的，我们认为怎样做是爱孩子，就会怎样对待孩子，这个环节可探讨的太多了。

爱是无形无相的，内心很容易感到却无法言喻，为了学习和澄清的方便，我选择用最基本的四种心理营养来阐述我对爱的体验和理解。四种心理营养本身都是爱，角度不同，终点一致。接下来我们就会很痛快地探讨认同、安全感、重视、接纳四种心理营养。然而，无论我选择的语言和事例是什么，其实主题只有一个，就是亲子情境中如何爱。

说到亲子情境，其实有三种，一种是我们面对孩子，一种是我们面对自己的父母，一种是我们面对自己。实际上，自我关系也是一种亲子关系，我们能够做自己的好父母，就能做孩子的好父母。

比如，当你注视自己的时候，你首先看到的是问题、差距，还是希望和进展？

你曾经真诚地感谢过自己对自己的照顾和珍爱吗？

你现在学会不强求任何人，也不再因拒绝而内疚了吗？

你还在为别人的不理解生气，还是只专注于自己相信和看重的？

当你困惑时你是先自己沉思还是打一圈电话问问那些可能知道的人？

在对自己诚实和得到别人接纳之间，你通常会选哪一个？

你懂得多给自己耐心了吗？

你愿意尝试对自己永远温柔吗？

如果你的回答都是肯定的，我相信你的亲子关系一定晴朗温暖。因为亲子关系从来都是自我关系的某种外显。我们懂得了全然地爱自己而不是要求自己，就能自然地爱人、爱孩子。

爱本是不可言喻又不言自明的，我也相信每个人本身就是爱，然而，我们作为被社会教导太多"应该"，在"以非爱为爱"的氛围里浸染多年的成年人，需要重新学习和感知爱。就学习而言，认同、安全感、重视、接纳可以说是最常见的爱的要素，在生活中几乎随处可见，且经常交织在一起。

比如不少父母朋友都会为"孩子不和我们说话"或者"孩子有话不愿对我们说"苦恼。其实，我们与其为让孩子打开金口蹙眉，不如朴素地问一下自己，如果心里有话，我们愿意对谁讲呢？显然，我们并不是随便找一个人讲，而是有选择的。

我们会选能懂我们、理解我们的人讲。理解是什么？认同呀。

我们会选愿意倾听我们的人讲。愿意用心倾听是什么？重视呀。

我们会选那样的人，我们想说就说而不用担心什么，不想说就不说而不会被他追问甚至逼问。这是什么？安全感呀。

我们会选这样的人，无论我们说什么，对方都不会改变对我们的态度，都不会批判、嫌弃、耻笑我们，都不会试图改变我们，这些是什么？接纳呀。

这样的态度很好，对吗？如果没有人这样对待过我们，我们自己这样对待自己好不好？如果我们过去没这样对待孩子，现在试着这样对他们好不好？

在我个人的成长体会中，认同是一个开始。当我懂得自我确认，能认出并肯定自己的美善，就能够给自己能量，而不依赖于外在理解和肯定；当我有了这样的独立性，就更容易尊重别人做他们自己，同时信任他们和我一样能照顾自己，而不再对人家担心；当我有了较充足的安全感，便能更顺畅地做自己，变得更主动且富有活力；当我充分地体会过做自己的滋味，也会懂得自己的有限，而对存在的安排臣服，对于未知选择信任。这个历程我大概用了六年，现在也依然在不断觉察和练习。不管亲爱的你怎么看待自己，又或者认为自己的基础如何，我坚信，所有我能做到的你也必能做到，用的时间或短或长，进展或快或慢，那都无妨。放下对自己的期待苛责，单纯地只去看自己的意愿和进展，是一个很好的心态，且行且欣赏吧。

第2章

认同——孩子自信的来源

生命是美善的，也是充满希望的，但这要用爱的眼光才能认出。我们绝大多数人都被社会培训成"挑剔""完美""催迫""怨尤"的高手，从内心清醒地决心练习用爱的眼光看待孩子、自己和他人，会为我们打开不同的世界，也会让我们体验到新的自己。

每个孩子都渴望被父母懂

当你看到孩子不爱学习、不好好做作业时，你看到了什么？

你相信孩子自己也想学习好吗？你相信孩子也想自己管理自己吗？如果你不相信，那么你就会督促，会频繁地、严格地督促。可是很快你就会发现，每次都是你在着急，而他一点也不着急，或许你还会进一步发现，自己越来越累，而且越来越没有效果，孩子似乎形成了一种免疫力，对于你说的话、你发的脾气、你的着急越来越无视无闻，于是你开始沮丧，开始困惑甚至迷茫：怎样才能让孩子自觉自愿地学习呢？怎样才能让孩子有一点自主性呢？

实际上，孩子通常都想要学习好，为什么呢？因为孩子依赖学校，他那么多的生活都在学校里度过，那么多的关系都在学校。不做作业老师会要说法、会有措施；成绩不好老师会不喜欢，在同学那儿威信也不高，很可能还会被同学嘲笑。所以，他怎么能不想学习好呢？学习好是他的整个生活中最主流的价值标准，就像社会上看一个人的银行存款一样，他的生活圈主要看他的分数，他怎么能不想学习好呢？即便是为了在学校活得更有人样，他也需要学习好！何况学习好本身也给他带来充实感、成就感和快乐。

那么，为什么他厌学、消极呢？因为他遇到了很多困难，他找不到感觉，他使不上劲儿，他遭受了挫折，他的努力失败了，他应付不来，他完全不知道该怎么办才好……他需要体谅，需要安慰，需要鼓励，需要帮助，可是他的需要一样也没得到，相反他得到的是不好的脸色，是吃大餐、看电影、去迪士尼计划的取消，是更严格的要求和监督、更频繁的催促，于是他内心更为压抑、紧张，到了一定程度，他就自然地选择自我保护，索性把一切看作无所谓，那样自己就不会痛——反正作业永远也做不完，反正努力也没有用。

我曾经参加一次成长营，在大巴车上，正在进行的是唱营歌。营长超人鼓励一个男孩子说，上呀，上呀。男孩子说，你有病呀，犯病啦你。

我了解这个男孩子，知道他的话不是恶意的语言攻击，实际上他还挺喜欢超人的，那是他的说话习惯。男孩子的妈妈就坐在我身边，她注意到这一幕，就对我说："这孩子怎么这样，他老这样说话，我等会儿得说说他。"

我告诉这位妈妈："当你看到儿子说超人'有病'的时候，你看到了什么？如果你认为这是孩子的一个必须要改的毛病的话，你还没有懂这个孩子，大概也帮不到孩子。"

这位妈妈疑惑地说："还能有什么呢？孟老师，您看到了什么？"

我说："我看到的是不平和，这个孩子内心很不平和。这不是他的恶意，是他的习惯。为什么他不说'我没准备好'或者'等等'，而是说'你有病'呢？为什么孩子这么不平和呢？想必他生活中经常被不平和地对待，他的内心有很多的压抑和愤怒，导致他经常这样说。"

这位妈妈想了好一会儿，说孩子曾经说过一句话，要是爸爸当初不那么打他，他就没有现在的叛逆。

我说："你呢？你对孩子温和还是严厉？在家里，孩子对自己的时间、自己的事情有多少能自己说了算？孩子能自由地对你说'不'吗？"

她说："嗯，其实我也挺严厉的，他挺怕我的，他做主的机会不多。"

我说："这就是孩子不平和的原因，他怎么能平和呢？他又不是佛，他只是一个普通的十岁出头的孩子！他的压抑和愤怒不能在你和你老公面前表现，不能在老师面前表现，但总要有一个出口，那么说过激一点的话就难免了。"

如果你看到的只是孩子的一个"毛病"，那么你又去批评他，他会感觉自己不好，内心会更加不平和。他说过分的话源自内心的不平和，你的责备又会增加他的不平和。你想灭火，却往上浇油。

后来，就在同一个营里，我发现父母经常做的恰恰和他们想要的相反，我就说了好多次：你想灭火，却往上浇油。

是的，认同可以带来瞬间改变

有一天晚上，我在东北的冰雪营里主持父母沙龙。营里面有一个小孩是大家眼里的"问题小孩"，父母沙龙里，我们聊到这个孩子，大家都说这位小孩的妈妈哪里做得不好、不对，应该怎样做。我对这个孩子的妈妈说："其实这也不怪你，你一直很努力。"这位妈妈就坐在我身边，她一下子就流泪了。

看到她哭了，其他妈妈就劝慰她，我制止她们说："不需要安慰，她并非在难过，我们不要打扰她。"当这位妈妈情绪平复之后，她说："老孟说的是对的，我流泪是因为我感动而不是难过，我内心很温暖。"

我为什么会对这位妈妈说"这也不怪你，你一直很努力"呢？这不是一个安慰，不是因为别人指责而给她一个台阶，也不是我出于善意去体谅她，这是我眼里的事实。

我相信每一位父母都在尽他们所能做父母。他们做得可能"很不好"，但那不是他们的过错，是他们能力有限，他们只懂这么多，他们没有机会学到、懂得和做到，他们只懂这么多，只能这样去对孩子。

我的一个来访者和她母亲非常纠结，因为在她漫长的幼年生活中，母亲从来没有肯定过她一次，而是不断地挑剔她和打她。到后来，她长大了，事业非常成功，十年的奋斗挣下了可供好几代人生活的财富。她为母亲买了房子、请了保姆，让母亲享受最好的饮食、健康和看护条件。但是她无法和母亲亲近，如果她的手碰到母亲，她会像针扎一样难受。此外，她和其他人连接也有困难，她可以和人谈事但是不会和人聊天，她谈事情谈得非常好，我多次听过她在电话里和人谈事情，谈得非常好，几乎是我见过的最好的，但是她不会和人聊天，当无事可谈的时候，她就无话可说，她说自己几乎没有一个朋友。这是心理治疗的一个常见现象，一个人和母亲连接不好，她的亲密关系、人际关系也常出现问题。

我开始给她做心理辅助，也邀请她和我一起参加工作坊，她也通过各种可能去了解自己、让自己成长。后来，她慢慢了解到她母亲的童年，她的外祖母生活非常不如意，对孩子严苛而又粗暴，如果相较于外祖母，母亲对她已经算很好了。而与此同时，她也能够注意到其实妈妈很尽责，每次她生病或者有其他需要，母亲都毫无二话地做得很好，她也了解母亲固执背后的坚强和自我肯定，她了解母亲多么能干，而这一点也正是她所有的和帮到她的。她后来还看到母亲强硬、责备的背后是巨大的渴望，她几乎一生都没有得到丈夫的爱，她做了她能做的一切，她自己都不明白，究竟是怎么了，丈夫就是不爱她，而丈夫从一开始就爱这个女儿，爱得无以复加。那一刻，我的来访者为妈妈痛哭，觉得妈妈生在那个家庭太不容易了，觉得妈妈一生都没得到爸爸的爱太可怜了。有一刻她因妈妈而庆幸，因为妈妈她们才得以留在首都生活，她才得以有很好的人生起点能够去闯荡世界。此后不到一年时间，她宛若新生，和别人谈笑风生，只要她想她就几乎能和任何人做朋友，更让她欣喜的是，她的亲密关系问题、亲子关系问题也得到很好的改善。

有句话说："知道了一切，就原谅了一切。"如果你有足够的了解，就能有足够的连接，对人对事都是如此。

我的另一位来访者曾经很苦恼地对我说，她的儿子十六岁了，她发现儿子经常躲在自己的房间里看成人网站，频繁地手淫。我说："可不可以用自慰来形容你的孩子？自慰和手淫完全是两个概念。"我时常商榷别人的用词，当有人跟我说早恋的时候，我问可不可以称为"恋爱"，因为恋爱没有早晚，既然八十岁的人恋爱不算晚，那么八岁的人恋爱也就不能算早。恋爱是一种情感，如果一个人特别喜欢另一个人，并有和对方在一起的强烈愿望，他就是在恋爱了，这没有什么早或者晚。

这位妈妈说，好的，我的儿子自慰，但问题还没有解决，这怎么办呢？我说，你的担心是什么？她说，当然担心啦，担心他变坏，担心他荒废学业，担心他的身体。

我说，首先你不必担心他的身体，他的身体本能会保护他，身体的结构导致他不可能连续地自慰，因为自慰本身而伤害身体是极为少见的。其次，你不需要担心他因此变坏，因为没有任何一个人仅仅因为看成人视频而变坏，就像没有任何一个人会因为仅仅看暴力视频而去杀人一样。

她说，那好，就算你说的是真的，可是耽误了学业怎么办？难道自慰应该被鼓励吗？

我说，对于你的孩子来讲，自慰和学业不是耽误的关系，而是帮助的关系。自慰没有必要被鼓励，但不需要去禁止。你难道没有尝试过禁止和干涉吗？

她说，你说得对，我尝试过，我的孩子暴怒，他居然骂我，然后我就再也不敢说了。

我说，那是自然的，你愿意了解自慰的价值和儿子自慰的原因吗？

她说，当然。

我说，"自慰"是一个好词，当别人不能安慰自己，当整个世界不能安慰自己时，我们可以自己安慰自己。自慰能够解压，当一个人面临巨大的压力和不快的时候，自慰可以暂时让压力和不快中断，当然压力和不快不会因此根除，但是这个缓冲非常有价值，如果不自慰，那个压力和苦恼可能对他造成更大的伤害；中国是一个非常忌讳谈性的国家，在孩子那里，更是被视为禁区，所以去了解甚至窥探这个禁区，是一种对自由的捍卫，社会文化压抑了人们了解性、接触性的自由，看成人视频体现了他们对这种自由的争取和捍卫；自慰还能够确定一个人的存在感，让一个人和自己连接，这有非常大的心理意义，如果他觉得孤独，觉得自己被忽视，觉得不被人理解和认同，自慰会暂时帮助他……

她回应我说，是的，我的孩子应该是这种情况。

我继续说，自慰当然还能释放孩子的性能量，解决孩子生理方面的欲望，男孩子发育早，从十二三岁进入青春期到二十多岁或者更晚结婚，长达十多年的时间里，他们的性欲都被禁锢，如果不自慰，你让他们怎么办？你希望他去强暴或者因为性去讨好和哄骗一个女同学上床吗？十几年的时间里，男孩子们被他们膨胀的性欲困扰，那是比长征还要长的长征，那是不能说出口的黑夜里的长征。自慰不必鼓励，但是指责和禁止是非常不人道的。

她有点调侃地打断我说，你也经历过这样的长征了？

我说，这是我的隐私，探听别人隐私不是必要的。但我愿意告诉你，我也经历过这样的长征，我也有过频繁自慰的历史。幸运的是，我的一位老师告诉我他也曾经这样，并且和我探讨如何理解和对待性欲。自慰本身没有伤害，它甚至可以是非常享受地爱自己的一种方式，带来伤害的是不必要的恐惧、羞耻感，以及强烈的自我斗争。

然后，我开始和这位妈妈还原孩子的成长背景：父母离异，母亲和父亲的家族交恶；孩子失去和父亲的连接，父亲不久因癌症去世，而孩子没有能够出席葬礼；母亲的整个状态很不好，很压抑，很孤单，母子关系很扭曲；很多重要的事情上，妈妈没有给予孩子支持，两个相依为命的人已经到了说不了三句话就吵架的地步，随着孩子越来越大，母亲几乎不敢和孩子说话……在母亲的描述中，我能看到孩子的善良和上进，我始终相信这是人的本性，可是孩子因为不够强大经常遭遇挫折，一次一次地受挫……

这位妈妈说，你不用说了，我现在想哭，为我的孩子哭，你是对的，你不用说了。

其实，她已经哭了。

自信来自内在自我确认

有一次一家济南的家教类杂志采访我，问我什么是自信以及如何鼓励孩子才有效，我的回答是：认同。自信基于对自己的认同，越牢固的自信越需要深入和稳定的认同，越需要内在的自我确认。

任何基于比较而来的自信，都是脆弱的。显然你不可能比所有人强；即便你比过去的人和同龄的人都强，后来者也还会超过你，空前绝后的卓越是不可能的；而且即便你做到了，你也不可能在所有的方面都比别人强，那一定是不可能的。所以，通过"比别人强"来确立自信是永远不能实现的；建立在"比别人强"上的鼓励也是无效的。我曾经给一个幼儿才艺的电视节目做评委，几乎每个家庭，孩子上场之前，妈妈都说：孩子，我相信你，你是最棒的！我不认为这是一个好的鼓励，因为马上就有评分，当孩子发现他不是所有孩子里面最棒的，他会感到困惑和打击。如果要鼓励孩子，不如对他讲：孩子，你什么也不用管，你只需要展现你会的就行了，无论你表现怎么样，都是好的。

甚至，自信也不基于"自我超越"，因为自我超越也是没有限度的，你永远不是那个最好值和最大值，所以你会永远觉得自己还不够好，因为明天的你会比今天好，所以今天的你不够好，如果你觉得自己还不够好，你怎么可能自信呢？

我想起自己的一些事。

2009 年 5 月，我第一次参加林文采老师的萨提亚专业认证工作坊，我一下就迷上了她，她的学识和人格都令我折服，同时我的自我也感到压抑，面对"高山仰止"的导师，我觉得自己好"小"，和老师接触时我小心得有点战战兢兢。当然我的勇气尚在，在最后一天，我鼓起勇气请老师共进午餐。但是很长一段时间，我在老师面前都有很强的自卑感。

我是一个好学的人，得遇良师绝无错过之理，紧紧地跟随林老师学习是我的渴望所在，我曾在两年的时间里只听林老师的课、听林老师的所有课，当然我不得不携带着那份卑微，因为我还没有办法去解决它。

这样的情况持续了好长时间，后来终于开始变化，或许是因为听林老师的课，或许是受了其他的启发，总之，有一天我就成功解套，我了解到：作为学生我是非常好的，我很努力、认真，我在个人成长和专业方面的进步都非常大，我也为自己的才华和悟性而感到欣慰，我觉得这样的我已经足够好了。林老师依然是林老师，但我不再是卑微的我，我是一个足够好的我。

我不认为只有超过了林老师我才够好，我也不认为偶尔在某方面比老师好有什么特别，我也不认为还不如老师是什么问题，这都很自然，这不重要，重要的是我不再卑微，我已经了解到自己，并确认了一件事：其实自己一直足够好。

而接下来这件事情就能显示变化后的我是什么样子了。

2010 年秋天，林老师在西安开工作坊，主办人是我的一个好朋友任伟。任伟原本说好要我去做助教，可是临到工作坊开课前，他打电话给我，说情况有变化，西安需要助教有较强的做个案的能力，林老师在她的学生中挑选，觉得我做个案的能力稍弱，所以不请我去了。

如果在成长之前，这对我一定是一个很大的打击，因为这是来自我心中的权威对我的不认可。但非常欣慰的是，它并没有给已经成长起来的我带来太大的困扰和难过。一方面我觉得自己做个案做得很不错，这不仅是我自己的看法，也是来访者给我的反馈，我觉得很可能是这段时间我进步很快，但林老师几个月没见我了，她不了解我；另一方面，即便真的是我的能力在林老师的学生里不拔尖，这也没什么，她的学生是全国范围内的，又各有不同的基础，我才学了一年多，那又有什么可责怪自己的呢？所以，我完全没有被这件事困扰。

林老师在西安的工作坊共三阶，每隔一个多月一阶，后来的二阶、三阶，我都去了，结果颇受欢迎。到第三阶的时候，好几个学员找我做个案，有的人是没和我说过几句话，仅仅看到我就特别信任我的。

我和任伟的对话也蛮有意思的，第一次他通知我不去时，还加了一句，老弟，你要努力呀。我说，我自然会努力，但我一点也不觉得自己做得不好。到后来，任伟告诉我说：你的自信增加了我对你的信心。我一下就笑了，原来如此。

言归正传。别人怎么看我们，无论是正面的还是负面的，那是我们了解自己的重要参照，但那永远只是参照罢了，没有谁比我们更能认清我们自己，我们是自己的主人，我们怎么看自己才是最重要的。

几年前，我在青岛主持父母沙龙，一位妈妈讲，老孟，你说话很有料，可就是有点慢，慢得有时候让人难受。我说，对不起，在我快之前，我只能慢。

当时我只是能够接纳自己，还不能完全阐释自己为何慢，现在我比较能解释清楚了。我为什么慢呢，一方面是我思考得多而深，我喜欢想好了再说，我喜欢细细地分辨和考虑各种可能性，我需要从各种层面慢慢咀嚼对方说的话。别人的选项可能只有一个，或者几个，而我可能是十几个。另一方面因为我的严谨，我的一位编辑朋友非常欣赏我，其中有一个原因就是"我是她见过的最严谨的人"，她经常在看到别人不严谨的时候，假想如果是孟迁，他会怎么说。此外，我当时的经验和理解能力都不如现在，而我又不愿意随意表达，所以，我当然慢了。这是非常必要且有价值的慢，为什么要快？从某种角度来讲，慢就是快，慢就是效率。

所以，当一个人对自己有足够的认同时，他内在的自我就是比较稳定的，他不那么依赖别人的认同，如果有人认同他、欣赏他，他自然会高兴，但不会欣喜若狂，因为他事先已经认同自己了；如果别人不认同他，反对他，误解他，小看他，他可能也会失落，但他能比较容易消化这个情绪，而不是觉得受了伤害，不会觉得愤怒不平。

用成熟有爱的眼光看待孩子

不少父母朋友问过我：孩子不爱表现怎么办？我反问：不爱表现有问题吗？

另一些父母问我：孩子不主动怎么办？我就问：为什么一定要主动？

当然少不了父母问我：孩子太内向、胆小，怎么办？如果我时间不够，我就会直接说，太内向就允许他内向，太胆小就接纳他胆小，这就是最好的做法。

但无论我问还是答，都不是诳语，我是十分认真地表述我的见解。孩子可能有很多理由不爱表现：有可能是他不喜欢表现，有可能是他不需要表现，有可能是他还没准备好，有可能是他不敢表现……但这些没有一个是问题，确切地说，这不是孩子的问题，这是父母的问题，是父母对孩子有一个期待，没有得到满足罢了。父母或许出于虚荣，孩子爱表现、能表现，父母脸上有光；父母或许希望孩子爱表现、主动，以便能有好的机会锻炼自己、被别人注意，或者说会更有竞争力。但这些都是父母的问题，不是孩子的。如果他是不敢表现，那么他会在不敢中酝酿勇气；如果他还没准备好，他会继续准备并从别人的表现中学习；如果他不爱表现，或许是他看透了父母期望他"表演"而抗拒，或许是他觉得这个游戏小儿科，他心比较大，不屑于参与。无论是哪种情况，都不是孩子的问题，孩子会有自己的办法，暂时没办法，慢慢会自己找办法，父母只需要好好做自己，只需要给孩子接纳和相信就好了。

至于内向，为什么要改变内向呢？内向是不好的吗？内向就意味着没有竞争力，意味着不善交际和言谈吗？完全不是这么回事，我经常开玩笑地对那些担心孩子内向的父母引用一句话，我忘了这句话的出处，但是我喜欢引用它：这个世界普遍欢迎外向的人，却始终被内向的人主导。这样说多少有一点对外向者不公平，实际上，在我眼里，内向和外向同样好：外向的人热情、主动、大方、开朗、适应快，很好；内向的人爱思考、认真、安静、深刻、想象力丰富，也很好。

"父母"是这个世界上最奇怪的动物了。他们自身的优点、长处，总希望孩子也具有，如果孩子没有，他们就感到遗憾，感到不满；自身的缺点、弱点，他们总希望孩子能避免，如果孩子出现类似的迹象，他们就不安、生气。

事实上，世界上哪有确定的"优点"和"缺点"呢？每一个优点都暗含一个风险，每一个缺点都包含一个宝贵的资源。很抱歉，为了说明这一点，我又要讲自己的故事了，目前的我就是喜欢从自己的体验里说事儿，"倒霉"的你们，不得不忍受这一点，呵呵。

我爱我的懒惰和软弱。或许你能猜到，我不是一开始就这样的，我曾经和绝大多数人一样希望自己勤奋和刚强。我曾经用"一懒万事休"来警醒自己，也曾以男人的血性、阳刚、坚强等来要求自己，但我现在变了，我爱我的懒惰和软弱。

我的懒惰里有自我爱惜，每一个人的懒惰里都有自我爱惜，如果自我爱惜太少，一个人会把自己累坏，单纯幼稚的人总是把自己累坏，他们责任心太强了，他们经常为了很不值当的事情把自己累坏。我想到我的爷爷，他大概是我的第一任懒惰老师，他是懒到经常被人当笑话讲的，可是呢，那些比他爱干活的人，比他更节省、更会过日子的人都早早地去世了，那些人因为每天急着把一点活干完，为了急着做这做那比他少活了二三十年，人生不是用来催赶的，有多少疲惫不堪、过度使用是非如此不可的呢？

其次，懒人都有懒人的办法。我爷爷年轻的时候，干活不行，但是他的胆子大，就干些守夜的事情，比如庄稼熟了要人看，可是旁边是坟地，别人就不敢去了，我爷爷去。比如井里掉进贵重的东西，可是这口井淹死过人，别人就不敢下去了，壮起胆子下去的人说有手在下面拽他的脚，就更没有人敢再去了，我爷爷去。结果他因为从事这些"风险""难度"系数高的工作，经常得到比那些勤劳干活的人更高的工分。懒人会寻求自己的出路，因为他懒，不愿意太麻烦，所以会想自己的办法，常常因此而提高了效率，大多数的发明都是人们不满于烦琐的现状寻求突破的结果。我做事的时候，如果看到太麻烦，就想一定有办法不必如此，结果每每真能找到好办法。

懒惰里面还有勤奋。我对自己不感兴趣的事情，要多懒有多懒，对自己感兴趣的事情，那可真下功夫。我发现，一方面自己爱睡觉，不爱收拾家（也不太会），可懒了；另一方面自己好勤快好努力，我参加成长营，主持完父母沙龙已经深夜了，别人都回去就睡了，我不管多晚，基本上都会打开电脑把自己的心得记下来。我经常自己头一天玩到半夜，第二天一气呵成地写出好几千字，喝喝水，抽抽烟，但不愿因为吃饭断了感觉。这还不算勤奋吗？相反，我看到那些干什么事情都让自己不怠慢的人，往往没有高潮，没有井喷式的作业。

如果说"爱"懒惰比较容易的话，那么"爱"软弱就难得多。我曾经很讨厌软弱，这几乎是我最不能容忍的品质。我妈妈软弱，我幼年时期爸爸不在家，妈妈的软弱（没有主见和力量），让我活得特别小心翼翼，非常拘谨，很痛也很怒，所以我很长时间里讨厌、憎恶软弱。

后来当我了解了妈妈的童年，我强烈地感觉到如果不是软弱一点，如果不是麻木一点，我妈妈大概在她那个家庭里活不下来。软弱有一个很大的好处就是得以存活，虽然活得不舒展，但是在力量不够的时候，这样可以活下来。活下来就有机会、有希望，而硬碰硬可能导致自己毁灭或者损耗太大。我爸爸就是刚强的人，他的损耗太大了，我宁愿我爸爸也有一点软弱，不要那么要强，不要有那么强的责任心，把自己的生命早早地耗尽。

软弱的人都不爱出头，不傲慢，对别人没有威胁，更容易谦卑。他们的人际关系往往很好。我妈妈通常是这样，A亲戚和B亲戚互不喜欢、关系淡薄甚至恶劣，可是两人都愿意和我妈妈来往，实际上，我哥哥和我也在不知不觉中学到、做到了这一点。

现在我做治疗师，一个很大的受益点，就是很容易让人觉得安全——没有那么强的好奇心去了解别人不想说的，没有那么强的责任感去帮助人家尤其是在人家没有准备好的时候，没有那么强势非要控制一个局面，没有那么大的兴趣去评论别人告诉别人如何做，所以，对方就更放松，更信任我。很多人和我一见面就信任我，第一次聊天就把心事告诉我，我能很轻松地做到完全跟着来访者走，尊重他、接纳他，而不是主导他、改变他。这是我的同行非常羡慕的，他们费了很大的力气都做不到，而我很自然地就做到了，因为我的个性中就有这一部分。

软弱当中也有力量和强大，比如说，我当初辞职做亲子教育，完全没有积蓄，也不知道如何获得收入，就很果断地辞掉了工作，那时候的逻辑就是"这样的单位生活一定不是我要的"，可是对于很多人来讲这个理由不足以去面对衣食无着前路茫茫的现实，但我没什么困难就做到了。我有时候都好奇自己是怎么回事，多数人觉得比较难的我不觉得难，而多数人觉得容易的我却觉得挺难。

所以呢，这就是我爱懒惰和软弱的理由了。然而，如果有人认为我真的喜欢懒惰和软弱，那就误会了。如果有人认为我讨厌懒惰和软弱，第二个误会又出现了。我真正想说的是，任何品质都无所谓好坏，任何品质都有好和坏的两种倾向，要看我们怎么理解和使用。

如果一个人把自己的缺点看作缺点，他的自我接纳必然出现困难，如果他能看到这个缺点背后的资源，他就不仅能接纳这一点，还能更好地使用这一点。比如，在我漫长的少年岁月里，多愁善感给我带来好大的负担，别人都那么不经意就过去了，我就是放不下，一刻又一刻地陷入苦恼、低落、黯然，我的开心时刻比别人少好多，但欣慰的是，我终于慢慢地看清"多愁善感背后的敏感"是多么宝贵，我可以因为小事难过，也可以因为小事开心，尤为重要的是，它能帮我很深入而准确地理解人和事，这对于我从事的职业再宝贵不过了。前天一位朋友在酒吧里说，一个人的感受力就是他的表达力，他表达得好一定是他感受力强。我想我能写点东西，能比较好地理解一些东西，能够比较好地了解别人，那要多感谢我内心的敏感。现在，敏感不再是我的负担，我越来越懂得怎么爱惜和应用自己的敏感，当我失落、不舒服、黯然的时候，我就深入这种感觉去觉察为何如此，一旦找到根源，我就借此获得了成长，而让我接下来的生活更好，而当我开心、满足的时候，我就享受我的开心和满足。

所以，我慢慢学习也向别人倡导，中性地去看待一个特点，而不去将其定义为一个缺点或者优点。如果你能透过"缺点"看到资源，你就能接纳和使用它，如果你能透过"优点"看到风险，你就能发挥恰当而避免副作用。我不讨厌任何一个缺点，比如爱发脾气，它背后的资源是有力量和有要求；比如固执，它背后的品质是认真和忠诚——实际上固执的人最讲理，只不过讲的是他的理不是你的理罢了；比如没主见，它背后的品质是适应性好、有弹性而且愿意跟随……没有一个品质是确切的、死都翻不了身的缺点，它们背后都有一个品质，只不过看我们怎么用罢了。我不羡慕任何一个优点：比如爱学习，很可能意味着对自己要求太高；比如善良，很可能意味着界限不清和纵容；比如认真，很可能太严肃、缺乏弹性甚至死板。任何一个优点，常常伴随一种危险，成也萧何，败也萧何，有了觉察和调控的智慧，这个人才能圆融和成熟。

不如我们来做个练习吧，这是我在自己的工作坊中经常倡导的一个练习，凭你的直觉写下你自己的五个缺点、五个优点，然后试着思考每一个缺点，并写出它可能包含的品质，写出每一个优点可能的风险。如果你不像我这么懒的话，你还可以按此写出关于孩子、爱人、父母的。

示例：

自己

优点 1：认真　　可能的风险：弹性不好，太较真，纠缠细节

优点 2：＿＿＿　　可能的风险：＿＿＿＿＿

优点 3：＿＿＿　　可能的风险：＿＿＿＿＿

优点 4：＿＿＿　　可能的风险：＿＿＿＿＿

优点 5：＿＿＿　　可能的风险：＿＿＿＿＿

缺点 1：计划性差　　可能的优点：随机应变，灵活，突击力强

缺点 2：＿＿＿＿＿　　可能的优点：＿＿＿＿＿

缺点 3：＿＿＿＿＿　　可能的优点：＿＿＿＿＿

缺点 4：＿＿＿＿＿　　可能的优点：＿＿＿＿＿

缺点 5：＿＿＿＿＿　　可能的优点：＿＿＿＿＿

做不好是因为看不出

有一次，朋友对我说，我的孩子就是有点不自信。我说，你自信吗？你工作的出色有目共睹，你的才华已为业界称道，你为人也颇受信任和欢迎，你凭自己的努力，在北京这样一个城市过着中产生活，你自信吗？她说，我不自信，对有些事自信，但从心底里不自信。我说，你不觉得这很有趣吗？你一切都做得那么好，可你就是不自信。

朋友一惊，皱着眉头不说话。

我又说，可以确定的是，如果你不自信，你也给不了孩子自信。你没有办法给你没有的东西，没有人可以给别人他自己没有的东西。

有一次，我做心理咨询，那位来访者的状态是不能停下来，她非常非常努力，十二分的努力，但依然非常焦虑，总觉得还不够，害怕一旦停下来就会失去所有的一切。经过一些交谈，我问她：你觉得自己不够好，那么，你还可以做什么呢？你还可以怎样做让你更好一点？她说不知道。我就问，可不可以说你能做的你都做了？她说，可以，是这样的。我就问，你能做的都做了，没有一星一点没有做，你还觉得自己不够好，你究竟想要自己怎样呢？

她愣在那里。我不打扰她，我知道她需要安静的时间思考。

后来，我就说，假如有一个人他完全听你的，一心为你好，只要你想做的，他就尽百分百的努力去做，只要你想要的，他同样竭尽所能地去争取，不是一天两天这样，而是三十多年没有一天没有一刻不这样，可是你从来不欣赏他，从来不体谅他，从来没有肯定过他一句，但他还一如既往地为你做一切，可你依然觉得他不够好，你一直指责他为什么不更好，为什么不能像别人那样好，为什么还有这么多问题，究竟是什么让你这么残忍和不公地对待这个人呢？！

她哭了，是那种痛哭，剧烈抽泣，肩膀颤动……我安静地给她递纸巾，过了好一会儿，她擦干眼泪，说，我知道了。

第二天，我收到她的一条短信，那条短信是她说给自己的，短信很长，简直是一篇短文：

从今天开始让我来爱你！从今天开始你可以停下来不前行，我不会再责备你，要求你只能前进。三十多年来你受累了。谢谢你的爱。你那么爱我，从未拒绝过我的任何要求，即使已经累到快撑不住，我都不降低对你的要求，只把心疼埋藏心底。你对我从来只有一种姿态，就是无条件地接受。今天看到你，我才知道你即使疲劳终死也不会反抗我，只有接受和服从。三十年来我没有真正体会过你，偶尔心疼也不会告诉你，因为我还想继续要求你，总说你不能停下来，停下来的话之前那么多年承受的痛苦煎熬努力挣扎都将无果而终，你又会回到以前，没有人爱你、珍惜你、重视你，你没有价值，引不起他们注意，你就得不到爱。不能停下来，停下来的话就意味着你可能在到终点的前一刻放弃了你的目标、你的成果、你的被爱的资格。我一直都这么想也这么对你讲，你只是默默接受，从来没告诉我你太累了、几乎坚持不了啦。你没对我，也没对别人，也没对上天祈求过帮助，只是自己撑着，还在想即使到最后一刻我也会听从你的要求。你怎么那么愚钝，就不知道你可以呼唤帮助的吗？还好，真的还好，前天晚上被严重的失眠折磨得心力衰弱痛不欲生时，你终于呼救了，希望它能看到你。哈，怎么样，今天我们终于相遇了，看到你就在那里，就在身边从未离开。以前我总是找别人来帮助我爱你，以后我决定无论别人怎么对你，我都会全心地爱你。今天是我生命中新的一天……

后来她又告诉我，晚上和我告别后，一个人在街上走了好久，只为吹着晚风细细审视内心的变化，她愉悦地走进一家服装店为自己买了一件毛衣纪念这个晚上，第二天我见她的时候，她整个人柔和放松了好多，我由衷地说，你的毛衣真美。

我想说什么呢？我要说的是一个人该怎样看自己。同样的事情，不同的看待，结果多么大相径庭。我把两种典型的方式分别命名为"结果性地看待"和"成长性地看待"。

当你看到孩子磨磨蹭蹭、拖拖拉拉地做作业，到了很晚才把作业做完时，你看到了什么呢？如果你看到的是拖延、磨蹭、效率低，你实际上是在结果性地看待孩子；如果你看到的是完成，毕竟孩子还是完成了作业，如果你看到的是孩子的辛苦，实际上拖延让他也很不舒服，也占用了他太多的时间，牺牲了他可以去玩、放松的机会，你就是成长性地看待孩子了。

结果性地看待是要求：为什么你不怎样呢？

结果性地看待会催促：你怎么还不什么什么呢？你要到什么时候才怎样呢？

结果性地看待是追加：好了，既然你现在做完了这个，那么你可以开始做那个，而且你最好快点，因为还有一大堆你需要做的（实际上做完这一大堆，还会有另外的一大堆，永远都有一大堆）。

结果性地看待是批判：你怎么还不会呢？你怎么又犯同样的错误呢？看，你搞砸了吧，知道吗，你搞砸啦！

结果性地看待会担心：你什么时候才能怎样怎样呢？你什么时候才能让我真的放心呢？

成长性地看待与之相反。

成长性地看待是关心：什么妨碍了你不能？我知道你也想的。

成长性地看待是尊重：你的事情应该你说了算，如果你愿意迟些做也是可以的，如果你不介意晚一点睡觉也是可以的，如果你宁愿麻烦一点也是可以的，如果你喜欢这样也是可以的。我相信你会安排好自己，而且你能不断改良你对自己的安排。如果愿意接受自己不好的安排，那也是可以的。

成长性地看待是庆祝：哇，你终于做完了，你居然完成了，这太好了，让我们一起为此高兴一下。

成长性地看待关注学习：你的困惑是什么？什么使你犯了以前的错误？是的，这件事情你是失败了，但你可以从中获得宝贵的学习，这也是非常好的，这样下次你就可以把握得更好。

成长性地看待是相信：孩子，好好地应对今天的事情就足够了，未来的事情到时候再说，车到山前必有路，我相信到时候你会想到办法，世界上没有无法可想的事情，没有过不去的事情，人总能想办法活下去，只需要做今天能做的就足够了，没什么好担心的。

就我个人而言，自从认识到结果性地看待和成长性地看待的区别的那天起，我就坚持用后者来看待自己生活中的每个时刻。之所以说坚持，是因为结果性地看待是我曾经的惯性，我在我的成长环境中绝大部分情况下都是被结果性地看待，这自然也会内化到我的自我评价系统中，所以不可能一下子去除所有的惯性。但令人欣慰的是，我还挺顺利的，即便出现那个惯性，我也能及时觉察并转化过来，我不再批判自己，这是我对自己做得非常好的事，我去理解、关心、鼓励自己，我也允许一时间理解不了，允许自己还做不到，但我不会再批判自己。

我也在我的工作中极力倡导"成长性地看待"，我曾经做一个家庭的教育顾问，我向妈妈推广我的见解，她的变化比我期望的还好。

有一天，她对儿子说：儿子，我特别欣赏你！

儿子：怎么了，妈妈？

妈妈：我以前不理解你为什么开着灯睡觉，原来你是害怕。你给自己壮胆呢。

儿子：是呀，我开始是捂着被子，结果透不过气来，现在开着灯就可以了。

妈妈：而且我发现你知道做完作业再睡觉了，虽然你还有点拖拉，可是你会自己想办法，通过挪地方写来调节，最后在妈妈的大床上写完了，儿子，你可真棒！

更多的变化在妈妈的意料之外，孩子在学校交际困难是她一直担心的。而有一天，儿子回家后说，妈妈你看这是谁谁送我的礼物，你看这是谁送我的礼物，一口气拿出三个礼物，然后说，妈，我最近在班里人气见长，这全是你和爸爸改变的缘故。

给不出是因为自己还没有

那么，我们如何才能够给孩子认同呢？如何才能帮助孩子自我确认呢？这就看父母的内功了，完全不是"怎么说"的问题，不是形式上的事，而是内涵层面的事。

一位朋友在电话里说，有一天，她们家里来了客人，十岁的儿子为客人削了很漂亮的水果，客人很惊讶，说，这么点儿小孩，他怎么会做这个。妈妈就当着客人表扬了一番孩子。可是，客人走后，儿子对妈妈说，我觉得你当着人家表扬我，就是在吹嘘，我觉得这特别不好。她很困惑地问我，我没觉得自己在吹嘘啊。

又有一次，儿子为全家人做了一锅口味很好的汤，妈妈很高兴，就说，儿子你太棒了，这个汤做得好极了。可是儿子说，妈妈，你不要这样好不好，我哪有那么棒呀，不就做了一个汤吗？这根本就不值得你这么夸，我当时觉得你特虚伪！

这位妈妈就问我，难道我做错了吗？我之前对孩子太严厉，对他批评多赞扬少，孩子不太有自信，现在想找机会夸夸他，难道这有什么问题吗？

我说，有问题，而且是实质性的问题。你的赞扬、你的"夸"是有目的的，如果你希望通过"夸"来提高孩子的自信，孩子首先会感到你的目的，而不是感受你的赞扬,他会觉得你为了"夸"而"夸",觉得你虚伪和夸张。

妈妈说,是,看起来我没有把握好"欣赏"的技巧,可是相对于我原来的责备批评,夸孩子总还是好的吧,总比没有好吧。

我说,不,责备、批评、打压不好,你停止就可以了,但有目的的夸并不比没有更好,如果你不能做到自然地夸,我宁愿你不去夸,因为这样的夸伤害了"夸"本身,伤害了孩子对你的"夸"的信任。

很巧的是,就在这位妈妈和我通话之前,我刚刚做了一次心理咨询。那位来访者和我分享了类似的经验。她说,当家人夸她的时候,她想逃。我问她为什么。她说,因为我感觉他们在讨好我,并不是真的欣赏我。

我的另一位来访者告诉我,她和孩子关系很糟,让她困惑不解的是,为什么她夸孩子孩子也烦,说他聪明他也烦,说他成绩好他也烦,有时候孩子会很生气地对她说"一边去"。

这里面的道理其实很简单。没有人不希望被欣赏、肯定和称赞,这是一个人的心理营养,是稀有而宝贵的。我非常喜欢把自己对别人的欣赏告知对方,没有一个人感到讨厌,因为我的欣赏都是出于自然,出于自然地欣赏是真诚的而且总是恰如其分,有时候,我会说,不管你怎么看自己,在我眼里,你的什么什么我是非常欣赏的。对方总是会笑着说,是吗?谢谢!实际上,我因此也获得了赞美,我的同事和朋友多次对我说,老孟,你有一个难得的好处,就是你总能看到别人的好,有时候连我自己都没意识到,而你却发现了。连我的老师林文采都曾经对我说,孟迁,你总是肯定我。

我因此而获得了赞美而不是抵触,原因就在于我的欣赏是纯粹的,没有任何目的。相反,如果你想通过欣赏、通过"夸"去达到某个目的,即便那个目的是善意的,比如你期望改善和别人的关系,你期望安慰别人,你期望鼓励别人,你期望借此提高孩子的自信,你期望借此增加孩子学习的积极性,你期望借此让孩子在某方面发展……这时候你的欣赏就不再是欣赏,而是一个为了达成你想要的目的被你选用的工具,这个行为的背后是一种基于不信任的控制,你欣赏,是为了让别人符合你的某种期待。可是,每个人都渴望认同和欣赏,但没有一个人希望被控制。

除此之外，你必须自己先能认出事物背后的善意和希望，才能真的分享你的眼光；假如你自己处在怨怼、排斥中，无论你怎么措辞，你都无法帮到孩子。

有一位妈妈来找我咨询，她担心自己的孩子太消极了。前几天，她和孩子一起读一个古老的西方故事，故事说的是在原始部落时期，有一位英勇的猎人为了保护大家而牺牲了，大家当时对他特别感恩，但很快就将其淡忘了，这位猎人的妻子儿女并没有得到大家太多的照顾，生活很艰难。儿子读完后说：这很正常，人类就是很容易遗忘恩情的。妈妈就觉得儿子的想法太消极了，她想引导孩子做正面的思考却想不出办法。

我问这位妈妈："你在这个过程中看到积极的东西了吗？"

她说："没有，我对这个故事感到愤怒，感到不公。"

我说："如果你看不到，你就不能给孩子积极的思路了。实际上里面有很多积极的东西。"

她说："是什么？我真的一点儿也想不出。"

我说："为什么这个故事能够流传下来？流传了几千年？跨国界、跨文化地流传到你们家？"

她说："为什么呀？"

我说："这正说明人类渴望公平，人类渴望对牺牲的猎人怀有敬意和同情。这个力量足够大，才能流传到今天，在你和儿子之间还能引发触动。"

她恍然大悟地说："对，你这么说那还真是。"

她接着问："可是，我觉得儿子的想法太理性了，太冷血了，有点儿可怕。"

我说："儿子'太理性了、太冷血了'的想法中，有什么好处吗？"

她说："这能有什么好处，就是因为觉得这太不好，我才害怕。"

我说："儿子这样想的好处是不抱过高的期望。如果儿子是那个猎人或者猎人的妻子，他会因此而不太愤怒和失落，他更容易接受现实。如果别人心怀感恩对她们母子照顾有加，你的儿子会开心会感激；但如果别人淡忘，你的儿子会平静地接受现实，自力更生，而不是活在抱怨和愤怒里面。这不是很好吗？

"如果我是你，我会对儿子说这个故事的流传本身就体现了人类对于公平和正义的渴望，而你能够如此淡定接受人性的不完美，也是非常好的。"

她说："你说得对，简直太对了，我怎么就没有这些思路呢？"

实际上，这位妈妈不是不够聪明，也不是没有思路，她的思维在她过往的经历和教育中过分局限于"应该""必须"了，她感受到太多来自父母、师长的批判和担心，她和这个世界的关系，不是认同和欣赏的关系，而是被苛刻要求生怕自己出错的关系，所以尽管她的智商很高，但是她没有正向理解的能力和思路。

不久后，这位妈妈给我讲了另一件事。

白天在学校，儿子的班上发生了一件事。有一个男生欺负一个女生，另一个有点胖的男生看不过去，就来制止了，然后大家就回到座位上。可是，胖男生还在生气，就骂了那个男生。

开班会的时候，班主任在班上就说这件事，表扬了那个胖男生，说他主持正义，儿子就说，他主持正义也不能不讲究方式，不能过分，不能骂人，他骂人是不对的。班主任就很不高兴，批评了他，好像还撵他出教室。

儿子晚上回家之后义愤填膺，有很大的情绪。妈妈就"开导"儿子说，固然，你强调即便出于正义也要讲究方式，也不能过分，是对的，但老师也是对的。

我问这位妈妈："你想干什么？"

她说："我想开导他呀，我想让他理解老师呀！"

我说："你是想让他理解老师，还是想让他接受老师？"

她一愣，说："这有什么区别吗？理解了不就接受了？"

我说："如果是理解，那么他已经有他的理解了，一个事情会有无数种理解，你不能说哪个理解一定对哪个一定错，你所谓理解是限定的理解，是所谓'好的理解''恰当的理解'，以便于他能接受老师，不对老师生气，和老师的关系不因此变糟。"

她顿了一下，说："是，我是这么想的，难道老师不应该被理解吗？"

我说："难道你儿子不应该和老师一样需要被理解吗？理解是非常宝贵的东西，大人和孩子都需要，为什么我们会把好吃的留给孩子而把更为宝贵的理解优先给大人呢？孩子比大人更需要呀，他像长身体一样在发育自己的心理呀！"

她沉默，皱着眉头停在那里。

我又问："你知道儿子为什么给老师提那个问题吗？你有没有觉得那不是一个必要的问题或者说不是任何孩子都会提的问题？"

她说："是，只有他才会这样，别的孩子都不这样，这是他们班主任很头疼的。为什么？你说为什么？"

我说："你的儿子渴望认同。他得到的认同太少了，他得到的，尤其是从你这里得到的都是'应该''开导'，所以他会看起来有点偏执地去发表有道理但不必要强调的声音，来寻觅和试探他是否被认同。"

她说："我不是认同他了吗？我说'固然，你强调即便出于正义也要讲究方式，也不能过分，是对的，但老师也是对的'。这不是认同吗？"

我说："这是劝说，不是认同。所有含有'但是'的话，人们的注意力都会在'但是'后面，所以，你这句话传达的重点在于'你应该理解老师，她也是对的'。"

她想了一下，说："嗯，听起来你是对的，实际上我也真是想强调这一点。"

我说："所以，你渴望且寻觅认同的儿子，这次又失败了。"

她有点心疼地说："是。可是该怎么说呢？"

我说："很容易，仅仅改变一下顺序就可以了，'固然，老师肯定正义是对的，你强调即便出于正义也要讲究方式，也不能过分，也是对的'。"

她"哦"了一声，似乎很受启发。

我接着说："说本身很容易，我们的表达能力完全足够，问题在于，你想这么说吗？你不担心这样说会让孩子更加不接受老师吗？"

她说："我担心。"

我说："所以，不是你不懂孩子需要什么，而是你担心这样有后患，所以不是你不懂怎么说，是你不想。"

她说："对。"

我问："那结果呢？现在的情况是什么？"

她说："结果我说完以后，他更生气了，扭头就进了他自己的房间，'砰'的一声关上门，晚饭也没吃。我当时又委屈又担心，真不知道孩子这样发展下去会怎样。"

我说："你相信吗？其实还有另外的可能。"

她眼睛一亮，说："那太好了！什么可能？"

我说："我的了解是，一个人对自己接纳、认同度越高，就越能够认同和接纳别人，但是小孩子对自己的认同依赖于父母对他的认同。如果你能够给予这些认同，情况就会改变，孩子将不再这么偏执地认死理，不再这么不合群。认死理就是呼唤认同，你认同他，他就很愿意理解你；不合群就是觉得别人都不理解自己，如果有能力认同别人，到哪里都会合群。"

我说的时候，这位妈妈听得特别认真，她仿佛看到一片从未见过的绿色田野，十分兴奋。一个月后这位妈妈因为其他的课题再次来找我咨询，她告诉我，当她不再总想着教导，尝试着认同孩子，孩子真的变得平和些了，也更为通融。在这么短的时间内，他们的家庭生态有这样的改变，我好开心。

现在就开始练习

我们内心有两种动力：一种动力来自我们的本性，就是爱；一种动力来自我们的习性，就是罪咎。当我们的心念处在本性中，我们是美善的，看到的也都是美善；当我们处在罪咎的习性中，注意到的就是自己和别人的错误，残忍地批判自己、怪罪别人。

本性是永恒的，每个人的本质都是爱，这不会改变和遗失，但是我们也别小瞧惯性，惯性的强大常令人咋舌。我有一个小经历，和大家分享一下。

有一次，我收到一个快递，是一个视频采访的单位寄给我的礼物，本来五天前就寄到了，就摆在客厅的桌子上，但是我今天才打开，过程是这样的：

我第一眼看到那个快递的时候，心想这是谁的呢？我没叫快递呀，于是就去看收件人栏里的小字，看不太清，但可以肯定不是我。然后我就问我的隔壁邻居是不是他的（当时我住合租房），他说不是。然后快递就被退回去了。

退回去之后，快递公司的人给我打电话，问我收到快递没，是不是寄错了，因为已经被退回去了。我说：是收到了一个快递，那个是我的吗？等核对了楼号、电话后，我才知道，哦，原来这个是我的。但是因为我第二天要出门不能收，所以他们就放到了我们社区的驿站，今天我刚刚从驿站拿过来。我进驿站的时候，心里知道那个快递是自己的，把那个快递拿过来，自己的名字、电话还有楼号瞬间跃入眼帘。心里大叫：这么明显这么大的字我怎么就没看到呢？！

我非常震惊自己怎么会没看到，然后就去复盘这个过程，发现两个原因：其一，在我的概念里，收件人栏是我唯一需要看的地方，其他的乱七八糟的我才不用看呢；其二，我心里觉得这个快递不是我的，所以我确认的方向仅限于它是否是合租伙伴的，如果不是他的，那么就是送错了。两者相互作用，加上收件人栏的模糊不清，上演了这场乌龙戏。

这件事像是故意给我上了一课，让我认识到惯性的匪夷所思。这个惯性是什么呢？即：

1. 我们只去看自己预期看到的；

2. 我们只按自己既定的方式去看。

随着学习的深入，我发现我们的确在潜意识里有否认"爱"的倾向，这有普遍且典型的表现，比如我们总是怕自己不够好而不可爱，我们总是怕犯错被惩罚或抛弃，我们总是对自己不够完美或无能为力的部分难以释怀，我们也极容易被"指出他人的错误和不足"吸引……这不是哪个人的事，整个人类的潜意识里就深深地根植着否认爱的倾向，你看社会上，任何不良事件曝出，总是迅速引发群体兴奋，那些批判"坏人"的声音是多么广泛地被追捧。说到我们个人，我们真的觉得自己够好的时候，觉得自己纯真无瑕的时候多么少！谁的心里没有一点怨责？谁的心里没有一点疚愧？两者是同一能量，随时转换。

似乎有一个程序，只要我们没有觉察而重新选择，我们就会进入不知不觉地向外怪罪或者向内疚愧，我把它称作默认模式。

什么叫默认模式呢？就是如果我们不重做选择，它就会代我们做选择。

肯认美善的能力是可以像锻炼肌肉一样练习的，我自己比较集中地训练过自己两年，去年我带个人成长群，也把肯认生命的美善作为第一课。

不少朋友在刚开始练习时会问，你是要我夸自己吗？我说不是。"夸"这个词有故意的成分，它有一个对立面，我能夸你，就能贬你，只是我现在选择夸你。我讲的不是这个意思。肯认美善，就是肯定我的本性是爱和纯善，我现在选择练习去认出它。这些美善本来就是我家的东西，我一直不记得，我以为非常贫穷，我以为自己很不好，我总是把眼光盯在自己还没有做到的、还不够好的部分，这是我过去形成的习性。现在我对这些习性有觉察了，我不被那些习性所控制，我现在选择去断裂，我选择连接自己的美善，学习和锻炼认出自己美善的能力。

肯认自己的美善绝不是增加自己的优越感，真正的善是共同的，并不存在你的善和我的善之分，认出别人的善我们的生命也得到滋养，肯定自己的善对别人也有益，一个习惯肯认自己美善的人，看别人也自然是用爱的眼光。比较和罪咎一样是小我的陷阱。我们信任自己的本性是美善，也信任别人和我们一样。

肯认自己的美善，本质上并不在于自己具体的表现和状态怎样，也不在于那件事情多大多小，甚至也不在于你写成什么，而仅在于你是否愿意选择用爱的眼光看自己。处在自我感觉糟糕的状态，并不意味着我们乏善可陈，就算我们陷入能量低谷，在房间里自闭数日，这也是一个心灵流动的过程，只要你愿意，你仍能认出其中的力量和美。认为自己够好才被爱，是一种普遍而深远的误解，实际上，恰恰相反，在爱的视野里，根本没有不够好；在信任的视野里，根本没有"失败""可怕"或"搞砸了"。

我们的美善无时无刻不在，问题只在于我们还不太习惯这种爱的眼光，肯认美善的本事还很稚弱。未经训练的心灵是没有效能的，我是经过持续一年的肯认书写奠定了自己的基础，或许有的朋友基础好不需要这么久，但他必然也有某种训练和积累的过程。

具体来说，肯认日记怎么写呢？其一，你对自己的任何觉知和承认都是值得写的，你发现自己的创伤模式或者自己某方面出色的天分，是同样值得写的；其二，任何时候你对自己的仁慈，甚至仅仅是停下自我打击，也是值得感谢和书写的；其三，观念的更新、视野的拓展，也是价值不菲的；其四，任何真善美的共鸣，无论是你看了一幅美丽的艺术作品，还是享受了傍晚的微风，都同样值得记录；其五，当你从结果上经验了某种失败，但你从中有所发现和学习，以及你获得的任何进展，都值得给自己一个赞；其六，当你对人、事生发了感恩之情，你当然可以记录下来；其七，当你经历困难、迷茫，你发出由衷的祈祷，也是非常宝贵的内容；其八，当你喜悦、放松和宽和待人，你当然也可以肯认下来。我的罗列并不全面和严谨，聪明如你，尽可以连接内心的感觉写得更丰富和感人。

有朋友问怎么判断自己的肯认日记写得如何，基本上，当我们写了一篇有效的肯认日记，我们会变得放松和开心，变得更柔软而有力量。然而，没有什么需要成为标准，只要自己真心愿意去写就够了，写不出、写不多、写不深都没关系，会越来越好的。不需要有任何期待，因为一旦形成期待，评判也将尾随。我们只要相信自己的本心是爱，并切实用爱去看，就足够了。

下面隐去名字，把我和伙伴们写的肯认日记摘录一些，供同愿的朋友参考。

＊＊

今天想要责怪自己的是：又没时间做蛋糕，芒果都要烂了；困得不行，还是拖着不睡觉；工作上应该今天确定的事，又被拖到了明天。总之，时间呢？肯认自己的是：看到了对自己的责怪，没有继续下去，先喊停。这就好。

＊＊

朋友让我帮她一个忙，我觉得有点麻烦，稍微有点不情愿，立刻陷入惯性，想她为什么给我添麻烦，但是我 STOP 了。首先，我知道，我可以不帮忙，帮她是我的选择，有点麻烦，跟她没有关系，我可以先休息，等更有精力时再做；其次，她不是故意给我添麻烦，我知道她是一个不愿意给别人添麻烦的人，她之所以那么轻松地说出让我帮她忙，是因为她对我的信任和爱。我感谢自己认出我对她的爱和她对我的爱。

＊＊

亲爱的，今天在整理听课笔记的时候，注意让爱和信任进来，你试着对孩子，尤其是在关于孩子不爱上学的问题上放松下来，信任孩子和自己都会选择最平和的路。果然，当孩子再次哭诉自己害怕上学时，你不再抓狂恐惧，而是能够轻松笑对，这不过就是孩子的情绪，相信他能过得去。而当孩子看到自己平和了，也不再那么较劲，最终就能慢慢平顺下来。

* *

长久以来，对于老公下班回家"葛优躺"一事，我始终无法释怀，尤其在我弄娃疲累到残的时候，看到沙发上这么大一摊泥，我胸中的那腔火正在燃烧。

这样惨烈的场景，除了谴责之外，还有什么正向意义呢？

今天我突然想到，有。

这就是一种全然的自我。我老公是一个随处都能"葛优躺"的人，即使在公务员考场都能妥妥睡着的人。从某种意义上说，这是一种难能可贵的放松。想到这里，我突然羡慕起他来。

* *

这段时间来，更关注自己内心的感受，或平静或焦虑或迷茫，都去感受它，不逃避不找理由，就这样观看着，发现很快也过去了，没有让自己太深地陷入剧情，谢谢你，看见你有了这样的小进步，很欣慰，很感动。孩子放假以来，天天在家，没有要求没有建议，由最初的内心忐忑和担心到现在的淡定，接纳孩子的种种看不过的行为，走过再回头，也没觉得孩子的行为就是那么让人担心，只是自己的内心戏码。尊重自己的节奏，也尊重了别人的节奏，心中更坦然更舒服，谢谢你。让我更欣喜的是，平安的心境下能感受到爱的丝丝流动，真好。哪怕只是一分钟一秒钟，很满足。

* *

亲爱的自己，欣赏你今天的放下。在面对客户家长，还有同事的不同意见甚至质疑时，不再用固有模式先在心里抵触，然后提前设想是不是因为他们在质疑自己的能力，所以才提出各种问题，而是先认可家长或同事的意见，然后再问他如何做会更好。结果后面大家都很愉快。哈哈！

* *

我觉得你对人有很大的尊重，包括这次，包括上次和 Yq 沟通，毫无攻击地直言；如果你觉得对方没准备好听，即便你确认自己的理解对，你也不去打扰人家，并无改变对方之意。我欣赏你的正直，你不会因为不喜欢而故意，不会因为人家"不够好"的部分而去不念人家"很好"的部分。你不会因为不喜欢，而能对人家好的时候不对人家好。

＊＊

今天你紧张地坐着领导的专车去送文件，一路上跟司机师傅一句话都没有说，气氛有些尴尬。当上楼送完回来找车的时候，远处师傅叫了你一声，并且一脸阳光的笑，你被打动了，突然间心中温暖了起来。回程，斑驳的树影映在车窗，依旧没有一句话，电台里响起一首歌，你感受到这位师傅的友好跟善意，那感觉很好。

＊＊

今天你发现了一个细节，母亲考虑街坊邻居的感受甚过父亲，你在想：是否母亲多年生活的模式一直是活在讨好别人的不安全感中呢？那刻你忽然对母亲升起无限的爱怜，我很高兴看见你已从心底里开始关注母亲了。

＊＊

梦到了老公，梦里的他是那么温柔。他深情地拥抱着我，温柔地抚摸着我，我感觉特别舒服，这就是我想要的。梦好美。

原来我想要的是老公对我的温柔在意，对我的爱，用我想要的方式爱我。但我用了什么方式去待他的？冷漠疏远指责抱怨。我们所要的和我们所做的刚好是相反的。为什么想要什么不去给，反而推开呢？明白了我真正想从老公身上得到什么，我心安了。这次回去他不这样对我，我可以这样待他啊。

Q 问答录 A

刚又对孩子暴力了，我好内疚

Q: 今早送孩子前因冲突我打了一下我大闺女的头，想想这么控制不住自己的暴力，很内疚。我忍不住动手，这个事真像个恶性循环似的，每一次我都惊讶自己咋这样，却又控制不住……

A: 内疚是因为你觉得造成伤害，而那个伤害不是真实的存在，而是你自己编的故事——根据过去的创伤、恐惧编的故事。你打了孩子头一下，孩子早就过去了，她已经进入其他的情绪，但是你还耿耿于怀，这个完全是你自己的故事在折磨自己。当你想控制自己的暴力、想戒除一个东西的时候，你实际上是在用一个恐惧去对抗另外一个恐惧。实际上，你之所以"暴力"，背后也是恐惧：你为什么要打她？你在担心什么？你可以关注一下你当时的那个着急，你若是没有恐惧、不着急的话你不可能打她，因为有一个恐惧，才让你想控制、想赶快。

如果你视自己的暴力为可怕的，然后想对它赶尽杀绝，就进入用一种恐惧去压制另一种恐惧的黏着，循环往复，很难停歇；如果你不想改变自己，只想爱自己，把平安带给自己的话，你打孩子的手，即便举了起来，也会慢慢放下。

认出老公的爱

Q: 孟迁，我很喜欢你说的"肯认生命的美善"，可是很多时候我感到困难，比如昨晚我一个人去看电影了，孩子是老公带。今天早上上班路上老公说我没有定闹钟导致孩子起晚了上学迟到，又说我昨晚回来后没有收拾孩子的洗脚盆，裤子上有尼尼也没有洗（他带孩子一起睡了），又说我没有昨晚提前把今天上学的被子准备好（昨天中午在幼儿园尿湿）……在家时一早上阴沉着脸，不停催促我、说我，我烦死了，这个时候我该如何肯认生命的美善呢？

A: 认出他的爱，而不是期待他爱你。比如说他刚才讲对你的这些期待，其实里面有对孩子很好的爱。比如我们可以对他说：我听到你这么关心孩子，这么重视时间，我很开心。当然，这需要有一个对自己的接纳和认可才能够做到，这就是内功了。

当你期待他爱你的时候，你的注意力就完全被"他有没有爱你"占据了，你看不到他对爱的吁求，看不到他的困难、有限和过程。当你开始爱他的时候，他说这些你并不会感到是他对你的要求，而会感到是他对孩子的爱，而且当他对你不满意的时候，催促你的时候，你并不会感到有压力。你可以对他说：我听到了，我觉得你讲得是对的，昨天我看电影比较晚没有顾上，这不是一个经常的情况，你讲的每一个问题我都愿意去注意。如果你自己不是在期待爱的频道，你可以这样很平静地回答他，并且可以认出和感谢他的爱。

其实当任何人对我们表达不满的时候，都没关系，我们不需要用别人的态度来定义自己。相反，如果我们能够从对方那个不满当中认识到他对爱的吁求和对爱的表达，那么就是对我们双方关系的滋养了。通常来讲，只要认出对方的爱，或者对爱的表达、对爱的吁求，对方立刻就心安了。如果我们确认自己的爱，不去期待别人的满意，不去期待自己完美，不去期待自己符合别人的期待，而是很清楚自己的爱，很清楚自己愿意和对方连接，很清楚自己会被接纳会被爱，在这样一个频道当中的话，自己也是心安的。

认出对方的爱，对方就会心安了。认出自己的爱，确认自己的爱，自己也能够心安了。

孩子就是不愿意分享怎么办

Q: 孟迁，我经常为孩子不愿意和小伙伴分享而头疼，担心他因此交不到朋友，请说说你的理解。

A: 无须担心交不到朋友，只要对人有爱有尊重，到哪里都会有朋友；孩子本身就是爱，你能够给孩子心理营养，他就会充满爱，小伙伴自然也就喜欢和他在一起。

说到分享，我认为这几点是重要的：

其一，分享首先要拥有，拥有的意思是孩子对自己的物品具有决定权，他完全可以不分享，也可以任意地分享，包括赠予。只有拥有完全的主权，只有完全出自自己的意愿，才算分享，否则不过是迫于父母压力的装样子。

其二，只有毫无期待的分享才是真正的分享，如果我有期待，那就不是分享而是交换。交换不是不可以，那是一种短暂的、浅层次的人际连接。只有毫无期待的分享才传递爱，比如"我就是愿意和你分享，就是喜欢你因为我的存在而高兴"，而爱会激发爱，这样的分享是人间最美好的事情之一。

其三，只有富足的心才能真正分享。生活中很多父母对孩子充满限制，总要孩子够努力和成功才肯满足孩子的愿望，总让孩子处于"谋求"和"缺乏"的状态，这样孩子就无法慷慨。父母若能毫无条件地满足孩子，并享受孩子的满足，满足不了孩子时也不内疚，轻松放下，孩子就会体验到一种富足心，活得安然而慷慨。

总而言之，孩子并不需要真的教导，只需要满足和信任，他不满足你还要他分享，这很残酷；你不信任而去催促他分享，他反而会更加渴求自己的控制权，更不愿意分享。

我妈妈很强势

Q:　我妈妈很强势，经常对我说："你是不懂啊，你这是愚蠢知道吗？"我该怎么办？

A:　你可以接纳你妈妈认为你不懂、认为你愚蠢吗？

老年人很多价值观是明显狭隘的，我们何必期待一个价值观更加低的人来认同我们？

比较成熟的心态是，我不需要我妈妈来理解我，我倒是可以理解和赞成妈妈，妈妈你那样想那样做，有你的道理，但并不适合我，我知道自己要什么，而且很确定，并不需要你来认可。

另外，不需要去抱怨妈妈强势，我们自己站起来和她平等了，她的强势就无以立足了，不要期待父母不强势，要自己站起来。站起来不是反对她，不是高过她，而是和她平等，尊重并行使自己的主权，也尊重她的主权。

如何破解爸爸留给我的心理阴影

Q:　小时候，爸爸嫌弃我，打我，见我就烦，把一切坏事都归到我身上，说我是扫把星，我怎么用爱的眼光看他啊？他很早就去世了，留给我的都是这些印象。

A：我们的目标不是现实中的父母，而是我们内心的父母形象。无论父母在不在，我们要处理的都是我们内心的父母形象，我们根本不知道父母本来的样子，没有人知道。我们只是内心有一个形象，而这些形象是配合我们的小我的脚本的。如果小我的脚本是受害者，那父母就是一个施虐者。如果小我的脚本是我缺乏疼爱，那父母的角色就是他们给不出疼爱、他们麻木不仁。这是一整套的。

真正影响我们的只是我们对父母的感知。如果你不再觉得"受害"，你就能原谅他们；如果你不再"需求"他们，你就能接纳他们；如果你喜欢并感谢自己，你也就能看到他们对你的爱。

具体来讲，我想请你先用爱的眼光看自己。对自己说你不是爸爸以为的那个样子，你值得被更好地对待。对自己说，那段生活对你是很困难的，但它过去了，现在我尊重你，现在我珍爱你。

当你感到自己被爱充盈的时候，可以再去看爸爸，这不必急，一定要让自己充分地在爱里，才能去做。

当你准备好看爸爸的时候，我想和你分享的是：爸爸所有对你的态度，都是爸爸对自己的，他对你有一分，对自己可能就有十分。正是他受不了自己对自己这样的态度，他才会把这样的态度投射到外在，包括对你，对其他人。

所以，关键是，你自己必须先好好的，你自己从那个受害感中出来，你看到自己完好无损，你依然有很多爱，有很多才艺、很多成就、很多学习的渴望。

爸爸所有的这些不适当的行为，都是他受挫、对自己不满、不接纳自己的表现，他有很多压力、沮丧，对自己有很多评判，爸爸所有这些态度从根本来讲，没有一个态度是专门针对你的。

爱的眼光，不是要去改变他，而是去接受他可以在这个阶段，他可以在这个状态，即使他此生没有走出来。不去可怜他，不去怪罪他，也不去担心他，确认自己是完好无损的之后，也对他说"OK"，信任他的灵魂，信任他的自性，即便他在这一生中没有做出选择，他的自性也是无损的，他只不过是在一个进程中罢了。

第3章
安全感——孩子幸福一生的保障

想给孩子安全感不意味着给孩子完美的照顾，也不意味着对孩子的失落内疚，而是能信任孩子是安全的。若要有此眼光，自己先要能够安心才行。

安全感的修复实际上贯穿绝大多数人的一生。生活中有安全感、懂得界限和尊重的人实在很少，这需要我们依靠自己内在的纯真和清明一点点探索前行，学习界限，学着给人也给自己自由，化解来自过去的恐惧以及由之而来的担心、控制和内疚，每一个进步都是美丽而宝贵的。

如果你愿意，可以在心里对孩子说：亲爱的孩子，谢谢你出现在我的人生里，让我有机会目睹你神奇的生命历程，并有那么多的岁月和你共度。我希望你作为自己而不是谁的孩子活着，你不需要在任何事情上给我交代，除非你喜欢把自己的事情讲给我听。我随时愿意力所能及地支持你，而如何支持以及要不要我的支持，由你来决定。

你做的和你要的恰恰相反

如果你问一位做父母的人：你希望自己的孩子独立吗？你希望孩子有责任感吗？对方一定会回答：当然希望！如果他情绪不好或者修养不到，他甚至会对你说：废话！当然希望啦！

可是，怎么才能让孩子有责任感呢？最有效的方式是给孩子为自己负责的机会，而不替他兜底儿。比如有的孩子丢三落四，最好的方式就是让孩子为自己的马虎买单，如果你出门忘了带水，那就渴着，至少渴一段时间，而不是父母马上把自己的水壶递上然后叮嘱：下次要记得哦。怎么能让孩子按时起床不磨磨蹭蹭呢，就是教会孩子使用闹钟，告诉他你可以等到哪个时间，过时不候，且真的践行，而不是一遍遍地叫他、催他甚至骂他，直到孩子坐到车上还埋怨他。

这本身并不复杂，你只需要给他为自己负责的机会，只需要让他品尝到事情的自然后果。有一次，我在哈尔滨参加成长营，有一个活动是去冰雪大世界，辅导员要求每一个小营员戴上帽子和手套，一个南京的男孩就是不戴，他说自己不怕冷不用戴。我跟他讲了冰雪大世界零下四十多度，那个寒冷是他从未经受过的，他坚持不戴，我接受。结果当然是他受了冻，可是回来的车上，他跑到我旁边说，老孟，我下次一定会戴手套和帽子，真冷呀。我笑了，说，好呀。结果之后的翻越雪山、滑雪等活动，他的穿戴特别整齐，没有人催他，他自己就成了穿戴整齐的样板。

父母们好奇怪呀，他们头脑里想着要孩子独立、为自己负责，行为上却不给孩子思考的机会只管告诉孩子答案，不给孩子经历的机会只管防止孩子吃亏，不给孩子做主的机会只管安排孩子，不给孩子"买单"的机会只管期望孩子懂得每件事都有一个结果。他们所做的，和他们想要的，恰恰相反。

关于亲子沟通的书籍和讲座永远有人欢迎。我也经常被邀请去讲这个主题，可是我发现绝大多数父母不是来学"沟通"，而只是来学"怎么让孩子听话"的，来学"怎么在孩子不想说的时候把话问出来"的。不仅仅是亲子之间如此，夫妻之间也常常是这样。有一对夫妇找我做咨询，两个人居然都想通过我让对方听自己的。人们感兴趣的并不是沟通，而是说服，并不是怎么通过沟通增进了解和进行磋商，而是怎么让对方听从自己，让自己看穿对方。这怎么可能呢？有谁喜欢听推销员介绍自己不想要的东西？有谁喜欢不想说的被别人套问？有谁喜欢不想听从却被人说服？而且是在对方根本不关心我们怎么理解、需要什么的前提下？

另一方面，所有的沟通都是以关系为基础的，何等信任度的关系决定了何等深度的沟通。如果父母只是想着说服，而不想了解孩子，只是想着看穿孩子以便更好应对（其实是掌控），而不尊重孩子不说的自由，那么，亲子关系的信任度就损伤了，孩子就觉得和你说话不安全了。一旦他觉得不安全，他必然保护自己，要么什么都不和你说瞒着你，要么编一个堂皇的理由哄骗你。有人把这叫"斗智斗勇"。可是，咱们干吗要斗呀？还是和自己的孩子斗！把咱们有限的生命和才智用在这上面，不可惜吗？

这就是我观察到的，父母们一方面抱怨孩子不和他们沟通，发愁如何改善沟通，一方面每一次沟通都让孩子的心离自己更远一点，每一次沟通都让孩子的嘴巴闭得更紧一点。

再比如说，学业。

所有的父母都希望孩子学习好、爱学习、自觉学习、有困难不退缩、有进步不自满，可是怎样才能做到呢？

　　我认为，如果一个孩子爱学习、自觉学习并且学习好，一定有三个要素：其一希望，其二快乐，其三自主自控。

　　所谓"希望"，就是说，他觉得自己能够做到，即使暂时不能做到，假以时日就能做到，或者想想办法问问别人也能做到，能感到这个希望；所谓"快乐"，有两种，一是学习过程本身感到愉快，比如他喜欢的科目，一是获得进步和成绩时的充实感和满足感；所谓"自主自控"，就是这个过程他是自己完成的，学什么，怎么学，何时学，他自己安排并执行，他不是被推着或被看着。

　　对此，离我最近的有四个经验：一个是来自我弟弟，两个是来自我的两次托管实验，一个是我熟知的一个家庭。我弟弟是中国应试大军中的佼佼者和幸运儿，他是华油子弟，高中是华油一中，本科是北京理工，硕士是清华大学，博士是美国密歇根大学。我专门采访过他，他说小学成绩起起伏伏，真正的转变是初中时偶然考了一个第一名，尝到了"甜头"，然后基本上就不用别人管了，一路走了下来，当然还有波折和挑战，但从那以后就没有动摇过。

　　两次托管经验孩子的突破点都是对恐惧和无望的克服。我问他们感到最困难的是什么，然后来拆解困难，让事情变得可能。比如其中一个孩子最怕的是英语，我问他英语最困难的是什么，他说阅读和语法还可以，最怕的是单词。我说好，那我们来看看这究竟有多难。于是，我们开始详细地统计词汇量，然后，测试他十分钟完全专注的情况下可以记住的生词量，接着我们计算出来，他只需要每天集中精力一个小时记生词加半个小时复习，就可以在暑假结束之前完成他曾经感觉压力山大的词汇问题。我说，你可以在早上精力最好的时候背单词，而在下午再用半小时来复习，而在这两个时段之外，你完全可以畅快地去玩你酷爱的篮球，也完全可以和朋友们去约会，你甚至能谈一场恋爱（说到这儿，他笑了），而这就是你半个小时之前感到最怕的事情！

　　这个男孩子的状态就这样变了，当时他一周回一次家。他回家后，他妈妈打电话给我说，孩子变化太大了，他脸上开始有久违的笑容，眼睛也是亮的，居然上厕所时带着单词书！你究竟做了什么，让他像变了一个人？我说，没什么，我只不过让他看到了希望。

这就是希望的力量！其实，世界上真的既没有困难的事情，也没有复杂的事情，把目标调整到合适的位置，把复杂的问题细分到可以清晰分辨，把困难拆解到可达成的步骤，就和最简单的事情一样容易了。当然，若要给孩子希望，你必须自己内心有希望，如果你内心充满焦虑而不是希望，那么你只能给孩子压力和催促。

说到催促，正好开启了我要说的第三点"自主自控"。有一位妈妈告诉我，孩子的学习好坏和她（妈妈）的努力直接挂钩，如果她盯得紧一点，孩子的成绩就上升几个名次，如果松一点，孩子的成绩就必然下降，可是她厌烦了，她受够了牺牲自己的生活给孩子当监工、陪读，可是她还不敢放手，事实上，孩子也烦了，说能不能不管他，甚至出现了逆反的苗头，所以，她觉得进退两难。

我说，请去问问孩子真的想自主学习吗，如果是真的，那么不妨试着相信孩子。

这位妈妈真的做了，在和孩子确认后，她就真的把"主权"还给了孩子。我很惊讶，因为通常父母不敢这样的，但她真的做了。我问她何以能够做到，她说是经过和我交流降低了焦虑、学会了放手。

她找了一个机会确定地向孩子表明了态度：从今天开始我再不管你的学习，如果你需要帮助可以来找我，如果需要我配合那我就配合，但一切你说了算。我再不会干涉你，学不学，什么时候学，怎么学，学得怎么样，我绝不插手，也不评价，从今天开始，你的学习完完全全都是你自己的事情。

结果，孩子在前两个月里班上的排名每况愈下，我很佩服这位妈妈，她对孩子的情况真的没说一句话。从第三个月开始，事情出现转变，孩子开始要求自己、安排自己，有时候很晚了孩子还没睡，这位妈妈也忍着心疼不去说。结果是，期末考试孩子考了全班第三名，那是他上学以来最好的名次。

实际上，每个人都在经验和证明着自己的信念。那些认为孩子不管就不会努力的父母也能证明自己是对的，因为他们从来不给孩子自主的机会，他们偶尔会尝试放手，但是又很快拉回来，他们不敢面对失控，尽管事情的转机就在失控后的不远处，但他们因为内心的怀疑和害怕而仓促地终结了放手，自然也没有机会看到孩子自主的事实，所以，他们总能证明自己是对的，只是"对"得很辛苦、很无奈。

我所观察到的是，那些希望孩子学习好的父母，所做的恰恰妨碍了孩子学习好。他们从一开始就对孩子说"你给我好好学习"，他们每天做的就是督促孩子做作业，不允许孩子先玩再做作业，他们用强大而持续的限制、催促、惩罚和奖励，成功地剥夺了孩子学习的自主性、可控感，同时又成功地增加了孩子被动的无奈和愤怒，使孩子远离快乐和自觉……

当孩子考砸了，本应得到安慰和帮助，因为面对困难不退缩是需要能量、勇气和希望的，而他们却大发雷霆、恶语相加，"高效"地让孩子感到无能和失败；孩子考好了，单纯地庆祝和恭喜自然就能助燃孩子追求更进一步的意念，而他们却用"别翘尾巴，这有什么呀，差得远呢，早着呢"让孩子感到好成绩也不足为道，甚至面临被嘲讽骄傲的危险，他们还擅长用"希望你下次更好，我想你本可以更好，再接再厉，追求更好成绩"来成功地让孩子感到压力并对好成绩望而却步，因为父母永远期望更好，而如果不能更好则意味着失败和被父母批评，比较而言还是不考那么好更安全，至少那样可控。无形中，父母就这样打压了孩子进取的动力。

你瞧，父母们所做的和他们想要的，就是这样背道而驰。

我爱你，所以我对你有权利？！

前不久看到一期教育类电视节目，节目的主题叫"别对我撒谎"。故事是这样的:妈妈经常对孩子说"如果你这次考进前五名，我就带你去国外玩""如果你连续扫十次地，我就带你去吃大餐""如果……我就带你去看电影"之类的话，却很少兑现，即便兑现也大打折扣，比如"去国外玩"兑现成去"世界公园"玩。

吃大餐落实为吃汉堡，而电影则始终都没看，儿子非常委屈也非常愤怒。孩子考了第四名，妈妈带着孩子来到世界公园，说，儿子咱们到那边去照个相吧。儿子一脸不高兴地说，不去，要照你和别的孩子照去吧。有趣的是，虽然妈妈总不能足额兑现，却还给孩子打欠条，孩子手上的欠条攒了一大堆。

介绍完故事，主持人请这对母子、现场嘉宾、父母团和儿女团分别发言。妈妈的逻辑是这样的:

1. 这不算说谎，因为在孩子成长的过程中需要一些动力和希望，这是教育孩子的一种手段;

2. 自己有时候能做到，有时候做不到，自己既要工作又要做家务还要教育孩子，太不容易了，希望能得到理解;

3. 孩子和家长是一种亲情，如果按照契约关系来衡量，就破坏了亲情。

前两点比较简单，妈妈的这种教育手段效果是非常明显的，亲子间的信任破坏殆尽，并引发了孩子强烈的逆反；至于妈妈的不容易和希望理解，我觉得也是妈妈自己的事，是妈妈自己没有处理好，抱怨不得别人，尤其是孩子，而且做不到可以不要说，孩子并没有逼着妈妈做出承诺，是妈妈想用承诺来促使孩子做一些事。真正触动我的是第三点。

在这位妈妈看来：因为我是为你好，所以这不算说谎或欺骗；因为我们是亲人，所以我可以不讲信用。"为你好"和"亲情"背后都是爱，如果提炼一下的话，就是，因为我爱你，所以，我可以对你说了不算。

我很好奇，为什么爱成了不兑现承诺的原因了呢？为什么不是"因为我爱你，所以我不骗你，我可能欺骗全世界，但我不会骗你，因为我爱你"？爱怎么会成为你命令我、欺骗我、束缚我的理由呢？

聪明的你一定注意到了，这个逻辑不是这位妈妈的专利，很多甚至大多数的父母，都会觉得自己是父母、自己为孩子好、自己爱孩子，所以有权利如何如何。小时候，我姑姑也对我说"我疼得着你，就管得着你"。这实际上是一个传统，尽管很扭曲，却已成为无数人的默认。在中国过去的上千年里，父母可以任意地处置孩子，甚至处死孩子也被默许。可是，无论这个逻辑的源头有多悠久，我们都可以坚决地说"不"，每个人都是从孩子长大做了父母的，想想我们小的时候吧，为什么父母仅仅因为"为孩子好"就可以把这么多无理甚至是暴力的逻辑强加在我们头上？！

对，强加，不允许拒绝。实际上，大概也只有在亲子关系中，这种"无理"才畅通无阻，一方面父母认为这样做天经地义，一方面孩子依赖父母生存而不得不忍受。而在其他任何关系中，只要一方能够独立而不是依赖，他都能也都会轻易地拒绝，拒绝别人以为好却让自己不舒服的"好"。

除了亲子关系外，我们对几乎所有的关系都能说"不"。单位效益很好、提供稳定的高收入我们还是能辞职（我个人就是这样）；即便是做生意，我也可以因为不喜欢和你这个人打交道而拒绝可能的获利。可是呢，在亲子关系中这就很难，因为孩子通常很难想象离了父母如何生存，他们就不得不委曲求全、忍住不吭声。

真正的爱，不是"我爱你，所以我对你有权利"，而是"我爱你，我愿意给你权利"。我爱你，所以我尊重你的权利，我爱你，所以我重视你，重视你的感受、想法和需要，因为我爱你，所以我给你我的时间。

而我们看到的现实常与之相反，我为你好，我爱你，所以我可以代替你来选择而不必问你，不必管你是否愿意；我为你好，我爱你，所以我可以不顾及你的感受、想法和需要；我为你好，我爱你，所以我可以按照我的意愿来安排你的时间。

这里面的核心逻辑就是，我认为好的，你就应该做。可是父母认为好的一定好吗？其实父母们很多观念是狭隘、偏颇的，是出于焦虑的，是需要修正的；其次，即便父母认为好的真的不错，那也不代表孩子就必须听，孩子有权利不那么好，大部分父母希望孩子优秀，难道孩子没有不优秀的权利吗？难道孩子必须实现父母的愿望吗？难道孩子不能做一个快乐的普通人吗？实际上，一旦一个人能真的快乐、甘于普通，他已经是相当"优秀"了。真正的顶尖人物，都是有一颗平常心的，是什么就是什么，不祈求自己一定怎么样；所有的大师都能从自己做的事情中享受快乐，在那份快乐中，人和自己的内在以及外在的规律是合拍的。相反，一般的成功才是靠背后受罪、咬牙坚持获得的。

自己认为好就强加给孩子，是不人性而缺乏觉知的。因为孩子首先是一个人，而不是你的下属，有义务完成你的指派（事实上下属还能辞职）；所谓缺乏觉知是从客观角度来讲，因为如果孩子不情不愿的话，你实际上根本无法实现你的期望。曾经有人拿郎朗和周杰伦的例子来反驳我，说郎朗的父亲怎么严厉督促郎朗艰苦地练琴，说周杰伦长大后感谢当初妈妈"逼"他练琴，我不认为这是一个有效的反驳，因为实际上郎朗和周杰伦内心都是有意愿的，从他们的天赋就看得出来——天赋几乎是兴趣的代名词——一个人在某方面天赋越大，他的兴趣也必然越大，我们从来没有见过任何一种天赋是和兴趣分开的。人们对于天才儿童的研究已经得出结论：天才的一个显著特征就是，他在某方面兴趣浓厚度惊人。所以，我相信两个人内心都是有兴趣的，有兴趣当然也就有意愿，如果那个孩子的天赋在体育，我不相信父母的严格培训能生产出音乐达人。

任何关系，无论是亲子关系、朋友关系、亲戚关系还是夫妻关系，只要抱着"我是你的什么，所以我对你有权利"的态度，那个关系马上就被破坏了；相反如果抱着"我爱你，我是你的什么，所以我给你权利，我愿意为你做"的态度，那个关系会越来越亲密，感情会越来越深厚。

我爱你，我是你的"什么"，所以，我愿意接纳你的不完美，我愿意跟你分享我的心事和脆弱，我愿意格外地重视你的感受和喜欢，我尊重你做自己的权利，我喜欢的你不喜欢，我想要你做的你不愿意，我会失落，但我尊重你，而不会怪你，不会骂你，不会变相地惩罚你，不会暗自地疏远你。看看我们身边的关系，凡能如此，那个关系必然是好的。

相反，若是"我爱你，我是你的什么人，所以我对你有权利，你应该怎么样"，朋友关系就会疏远甚至做不成朋友，夫妻关系就有压抑、怨怼，日积月累从而出现问题；而亲子之间因为有血缘的关系，不像朋友和夫妻关系那样能够轻易地分离，血缘关系是非常特殊、非常深刻的，几乎无法断掉，所以呢，如果孩子不被允许做不符合父母期待的人，孩子就自然遭受了更大的压抑和纠结，他们的表现是逆反或远离，有多少孩子很小就盼着离开自己的家！离家出走，过早地恋爱、结婚，甚至自杀……这些孩子长大后可能会对父母尽义务，比如赡养和照顾，可是这些孩子在心里是疏远父母的，父母想要的亲近和陪伴，孩子不愿意给，这个不愿意里面有很多的痛、隔膜甚至愤怒。所以呢，虽然孩子无法和父母断绝关系，但可以断绝交情，只尽义务，不去亲近。

如果你愿意，你可以和我一样在心里做一个决定：如果我爱一个人，无论是对我的孩子还是伴侣，我绝不要"我爱你，所以我对你有权利"，而是"我爱你，所以我给你权利"。

一个有安全感的人

处于匮乏感中的父母

要想给孩子安全感，父母必须先是一个有安全感的人。我越来越感觉到这一点，所谓亲子教育，重要的不是父母读过什么书、口头上经常表述什么观念，不是他们特别想"教给"孩子什么，而是他们是"什么样的人"，或者说在什么状态。一对有安全感的父母，不必刻意地"培养"孩子的安全感，就自然地给了孩子安全感，相反，一对自己没有安全感的父母，他们再努力也很难给到。

那么，一个有安全感的人是怎样的呢？他足够独立而不依赖，他相信、认可自己而不是依赖外在的认可，他知道自己的价值，也对自己满意，所以他对别人要求的少，对别人的接纳度和包容度就高，也因为他内心能够自足，比较"富裕"，所以他也就能够给别人，而不是找别人要。

生活中经常是父母找孩子要。比如说要面子，孩子的老师打电话给妈妈告状，如果妈妈首先感到没面子或者丢脸的话，那实际上就是她在向孩子要面子了，这类妈妈的自我认同度、自我价值感都是不够的，如果够的话，她不会感到脸面无光的压抑，只是把这当作一个老师传达的信息，然后去考虑怎样理解和应对。但这样的妈妈是少的，大部分妈妈首先感到的是难堪和丢脸，瞬时间，心里燃起怒火，等见到孩子就不问青红皂白一顿呵斥。这就是在找孩子要面子，因为没要到就发怒，巨大的愤怒情绪中理性迅速降低，根本看不清现实，根本听不进孩子辩护，就河东狮吼般的一番语言暴力。有一次我参加家庭协商会，妈妈和孩子都各自把自己的期望提出来，这位妈妈就说："你能不能不让你的老师给我打电话告状？"作为成年人的妈妈居然对一个孩子提出这样的要求。

有的家庭是父母找孩子要成功，要出人头地。我们知道在中国作为一个普通的老百姓，一方面生活很不容易，另一方面又面临着社会贫富分化的压力，所以很多父母自己不能改变贫困或者拮据的现状，自己不能认可自己而是从攀比的氛围里吸收到很多压力，他们就找孩子要成功。包括对孩子的婚姻，20 世纪五六十年代的父母基本没有品尝过爱情，他们的婚姻就是过日子，所以，他们不怎么看得起"爱情"，他们的理解和强调主要限于如何"更好地过日子"，因为他们自己的日子过得没有摆脱生存范畴，所以他们就夸张地关注、担心孩子结婚后如何过日子。所以，有儿子的人，希望儿子要么找个家里有权的，要么找个家里有钱的；有女儿的人，如果男方没房没车没有高收入的工作，那再喜欢也不能结婚。所以就像《我要结婚》里那个歌手所说，丈母娘看女婿都能看进内衣，看你穿什么牌子的内衣。这些都是父母自己未满足的渴望，希望通过孩子来实现，这些父母本质上是看不起自己的、对自己失望的。有的父母没上过大学，就特别希望自己的孩子高学历；有的父母自己个子矮或者嫁了一个个子矮的，就特别希望孩子一定找个个子高的；有的父母自己性格拘谨，就特想让孩子开朗活泼；有的父母自己童年压抑，就过度地期望孩子快乐自由……

哎呀，如果较真的话，你会发现父母找孩子要的好多呀，非常强烈不容分说地要，所有他们人生未竟的愿望、人生的痛、人生的遗憾，都想在孩子身上得到满足，所以他们对孩子的接纳度就很低，因为无意识中他们就把孩子当成了实现自己愿望的工具。

并非所有的父母都如此，那些自己人生比较满足的极少数的父母向我们展现了也可以不找孩子索取而是给予孩子。那些很有觉知且能活出自己的父母，会很自然地说出，"我可不想做一个望子成龙的爸爸"或者"孩子理应有不同于父母期待的生活和快乐"。基本上，父母自己的人生越满足，他们对孩子的期待就越少，因为期待少，所以他们就能够关注到孩子的意愿、感受和特性，如果父母内在匮乏程度很高，难免就只关注到自己的期待。

父母对自己越满意，他们对孩子的心态就越平和、越有耐心、越不苛求，对家庭就越眷恋，对家人就越包容和亲和。相反，父母自己的状态越艰难、越不稳定、越无助、越不安，他们对孩子的心态就越焦虑、越容易着急、要求越多越高，他们对家庭就越不如对工作重视，越不珍惜和家人在一起的时间，和家人相处就越容易指责和产生矛盾。

有的父母对孩子特别感谢，说："谢谢你给我带来那么多的快乐、那么大的安慰、那么多的思考、那么大的动力，因为有了你，我的整个人生都变得更好。"有的父母特怕孩子不懂得感恩，说："我容易吗我，你知道当初我为了你多难，牺牲了多少，你要不听我的话，你要不孝顺我，你就是狼心狗肺！"好有趣呀，能够给孩子很多的父母，对孩子要求很少；只能给孩子很少的父母，对孩子要求很多。高兴的是，前者的数量越来越多了。

独立与连接的双重信任

现在，请让我从心理角度来阐释什么叫作一个有安全感的人。何谓"安全感"，一言以蔽之，这个人对于自己的独立和与他人的连接有双重的信心。

所谓独立，就是心理上、精神上的独立，经济上的独立当然重要但不是必需的，内心够强大的话也可以没有经济独立但依然能够心理独立，比如马克思，后半辈子穷困潦倒，但他的人格依然是独立的；具体事情上的独立就更无关紧要，不会就去学，做不好慢慢练，这些都不要紧，关键是心理上的独立。

心理上独立的人对自己的看法比较稳定，不依赖于别人的评价和态度，当别人不认可的时候，他不害怕不难过，因为他有比较确定的对自己的认识和认同，他可以理性地去自省和思考来自别人的评价，但他不依赖于任何人的评价和反应；他能够接纳自己，而不依赖于别人的接纳。我想到我的一个来访者的事情。

我的来访者看到家里太乱了，就收拾书房，并把一些她觉得没用的东西卖掉了。她老公的东西主要放在书房，老公回来后，发现有些很重要的东西被卖掉了，非常生气，大发脾气。后来，夫妻俩就去到收垃圾的人那里找，只找到一部分。然后，老公还是很生气，说有欠条找不到了，而且不知道还丢了什么，越说越生气。我的来访者就道歉，可道歉也没用；最后她也烦了，两个人就大吵，老公就拉长脸，摔东西，摔门。

我的来访者伤心极了就给我打电话，我就说："我看到两个人都在要，但没有人能给。"她不明白我什么意思。我说："你要的是认同和接纳。你费了好大力气收拾房间，希望被看到并感谢；你卖掉了不该卖的东西，你已经很内疚了，而且道歉了，并且和老公一起尽可能地挽回了，你该做的、能做的都做了，你希望被接纳；可是两者你都没得到，老公没有任何感谢，上来就指责，你认错、道歉、弥补都没用，他依然不满。所以你想要的接纳和认可都没得到，你就愤怒、伤心。而你的老公也在要，他在要尊重，他不希望他的东西未经同意就被处理，当然他的情绪绝不仅仅来自这件事，可能他工作压力大，可能他在公司里得不到足够的尊重，所以，他就暴怒了。他想要的也没得到，他没有能力来体会你、尊重你了。"

她说，我明白了，你说得真好，"两个人都在要，但没有人能给"。

我接着说："所以，让我们尝试一下看能不能认可和接纳自己。你付出了整整一天的时间把乱糟糟的书房收拾得整洁舒适，这个够好吗？"她说"够"。我接着说："你在不了解的情况下犯了错误，这个可以被理解吗？"她说"可以"。我说："你发现自己做错后，主动道歉，并且不计较老公的脸色和他一起去寻找，这样够好吗？"她说"够"。我说："你通过这件事了解到如何对待老公的私人物品，看清了'两个人都在要，但没有人能给'的现实，并在我的引导下尝试了自己肯定自己，这够好吗？"她说："不仅够好，简直是太好了，这对我和老公的帮助太大了。"

老实说，"两个人都在要，但没有人能给"的事情好多呀，夫妻之间、亲子之间、亲友同事之间，好多好多，凡是吵架呀冲突呀，都是双方都不能给，如果有一个能给也吵不起来。因为一个有安全感的人他足够独立自主，他不那么依赖别人给，他自己能给自己接纳、认可以及重视，他就不会因为对方不接纳、不认可、不了解、不关心而愤怒或者伤心。他不是不需要而是不依赖，如果别人能给当然好，他会高兴，但如果不能给呢，他也能接受，因为他可以自己给自己。也因为他能够自足，所以他比较稳定，也只有他自己稳定才能够关注到别人的需要，给别人接纳，给别人重视，给别人关心和认同。比如上面的例子中，如果我是来访者的话，我首先接纳老公发脾气，他因为单位的事情放大了他的情绪，我可以理解他、接纳他，不会感到受伤，我知道他在疲惫、伤感中，所以，不仅不怪他，还会抚慰他，他的脾气很快就会过去，且会很感动很受滋养。

内心的独立也表现为有自己独立的选择。生活中人们常说，"你对我好，我对你更好，你对我坏，我对你更坏"，看起来理应如此，但实际上，我怎么对别人完全取决于别人怎么对我，而不是取决于我自己的意志，这实际上是受控于人而不是操之在我。真正独立的人不是不辨是非而是能超出一般的睚眦必报。你对我笑，你对我好，你给我利益，但是我不喜欢你的为人，对不起，我不接受；你对我凶，你抱怨我，你排挤我，你背后说我坏话，但我觉得你本性不坏只是你暂时在某个状态里，我还是愿意善待你。这是比较独立的态度。还有一种经常在团队中出现的"你自己不愿意去，为什么叫我去"，"别人都不做，凭什么让我做"，这也是缺乏独立、追随别人的表现。独立的态度是根据自己的需要判断而不是和别人比较，如果我想去，那我就去，我不管别人去不去，如果我不想做，即便别人都那样我也不做。

内心的独立当然包含认知的独立，他不会因为某种想法来自权威、经典或主流就放弃自己的想法，他会坚持用自己的心去感知，他以自己内在的智慧和直觉为唯一的老师；他不用概率和过去的经验来界定自己应不应该做或者能不能成功，他要自己亲身试试看，即便错了或者行不通，重新修正就好了，他不会因为有犯错的可能而基于恐惧接受来自别人的"正确"或"经验"。

　　内心真正的独立还包含着对自己的坚实信心。比如对婚姻，我的安全感不在于对方永不变心，而在于我自己。其一，我相信自己能够把我们的关系经营好；其二，如果我们要分开，我会很痛苦，但也一定能够走过。这样我就不会害怕，就不会出于过多的担心而去讨好、试探、掌控对方，我就能把自己的心思用来爱而不是担心，用来建设而不是保护我们的关系，这样我们的关系良性的概率就非常高，这样我就能享受我们的关系了。

　　所谓与他人连接的信心指：对方值得信任吗？对方会喜欢我、重视我吗？我能够和他建立好的关系吗？我可以相信我们现在的关系吗？我可以在我需要帮助的时候开口求助吗？我可以在我无力、无助的时候依靠他吗？我可以把自己在一定程度上托付给他吗？

　　总之，如果我们有这份和他人连接的信心，我们就能够跟别人建立很深厚的关系，否则就很难。

安全感缺乏的常见表现

　　安全感是生活的基本命题，几乎随处可见，比如歌中唱的"不爱那么多／只爱一点点／你的爱情像海深／我的爱情浅"，为什么只爱一点点呢？因为对于深爱怀有恐惧而不是信心，"只爱一点点"的好处就是能够随时抽身，不至于不能自拔，一开始就想退路而且为退路控制感情，这常常是因为幼年有被抛弃的经历，那个被抛弃的感觉太痛、太大、太可怕，所以就不敢了，就极力地避免，这是一种为了安全而过度保护的做法。很多有才华的导演和作家都生动展现了这种过度保护，比如《东邪西毒》中的"我从小就得懂得保护自己，我知道要想不被别人拒绝，最好的方式就是先拒绝别人"，《拥抱似水年华》里则说得更妙："只有在离不开她时，我才会跟她闹着要分手。"

　　我们看生活中人们的恋爱和感情模式，很容易窥见安全感匮乏的影子。普通的朋友关系、同事关系还不明显，因为它有空间去"回避"，而亲密关系就不然了。有三种情况是很常见的：不能亲近，过分黏人，怕被人黏。三者本质上都是缺乏和他人连接的信心。

"不能亲近"就是不敢依靠人，不敢把自己的需求表达出来，不敢把自己交付出去，这样的人始终不能有一个真正亲密的关系，一旦和某人的关系马上确定或者亲密，他就害怕、退出，最后他就告诉自己"我不需要那样一个人，我完全能照顾自己，一个人挺好"；有的就同时和好几个人保持暧昧，他不敢把希望放到一个人身上，我交往过的一个女孩就是很典型的"不把鸡蛋放在一个篮子里"。

"过分黏人"经常表现为，他为你付出甚至牺牲很多，然后也要求你完全属于他，不给你应有的个人空间，这样的关系也是不能长久的。我在上海时遭遇过这样一个女孩，而我的一个朋友则是和这样的女孩结了婚，结婚后女孩要求他断绝和所有朋友包括男性朋友的来往，最后他离婚了。

"怕被人黏"则是害怕自己丧失主权，怕对方利用情感要挟自己，同时，他也怕拒绝别人，因为那样他会因对方的失望而内疚，会因为对方的痛苦而痛苦。其实，从根源上说，他小看了别人，不相信别人可以照顾自己，不相信别人只是向他吁求爱而非附着在他身上；同时也不相信对方对自己是有爱的，他会把对方对他的好视为交换，他内心深处也不相信拒绝是可以被接纳的。

一个人和他人连接的信心基于他对自己的信心，他觉得自己够好、够重要、值得、配得上，他去追求自己喜欢的女孩子时不会首先感到自卑，他接受别人的称赞时会高兴但不会过于不好意思，他接受别人帮助的时候会感谢但不受宠若惊，因为他觉得自己值得被帮助，所以当他需要帮助的时候他也能自然地开口，而不会因为开口而觉得自己不好或者干脆不敢开口。独立和连接是一体的，绝对是一枚硬币的两面。独立不够的，连接也必然不够；能连接好的，独立方面必然也够好。

有安全感会怎样

一个安全感足够的人，一个对自己的独立和与他人的连接有充分信心的人，能够自然地说"不"和说"是"，就能够既爱别人也爱自己，自由、轻松而温暖地和自己、和他人相处。

所谓说"不"，任何的拒绝、不同意、不喜欢、不愿意都是一个"不"。有安全感的人说"不"的时候不害怕，他不担心别人的失望和不满，他优先照顾自己而不内疚，他信任别人理解他，信任别人不理解也没关系也不是问题，他知道自己是爱对方的，不担心自己"这样做是不是自私或冷漠"，他知道照顾好自己对自己和对方都是必要而且有益的；在这个基础上，他自然尽可能地顾及对方的感受和期待，但当那个事情需要他说"不"的时候，他就自然地说出，他经过思考很确定地知道说出这个"不"是恰当的，对双方都是好的。

即便有时对方因此而不满甚至疏远他，他也知道这不是问题、不是坏的，相反，如果委屈自己逢迎别人的话，他就不能够和人真实地接触，就不能有坦荡的感情；有时候对方的那个期待就不是适合的，拒绝是好的。

比如一个男孩子对女友说："如果你不和我上床，那我们分手吧。"如果这个女孩子足够独立，在乎这个男孩子但不害怕失去他、不觉得失去他就不得了，她才能够说"如果真是这样，那我们就分手吧"，否则她大概只能推挡几次，最终还是就范。事实上，这个拒绝是好的，是健康的，如果我不想有性关系，你就不和我在一起，那么你并不重视和关心我，你只是关心你的需要罢了。如果是这样，那么很可能你对我的好、对我的关心，都是出于想和我上床的讨好罢了，你的"爱"不是真的，只不过是满足你自己的手段。有女孩子的家庭都担心自己的女儿过早恋爱尤其是过早发生性关系，可是最能避免这种情况发生的不是禁止、高压，而是能够给孩子充足的爱，让孩子不至于那么急切地去向外寻，帮助孩子建立安全感，让她足够独立，能够拒绝别人的"情感敲诈"，能够不因为害怕失去而就范。

一方面，恰当的拒绝可以帮助对方停止不合理的期待，可以早一点结束那些本不健康的关系；另一方面，恰当的拒绝也常常让关系变得更好更健康。我想起我曾经的一个老板，她是推销员起家的，她本身是美女，经常会在酒桌上遇到这样的要求：如果你把这杯酒干了，我就签单。我的美女老板对我说：这时候，你一定要拒绝，要带着微笑说，如果这样，那咱就别签了。她说她从未因为这样的拒绝而丢掉一个单，她和我的共识是，当我们有尊严又有礼貌的时候，人们反而会尊重、欣赏我们。

恰当地说"不"对关系总是好的，它可以帮助对方了解我们的界限，了解我们的需要、喜好和有限。相反，生活中有很多人不能够说"不"，不好意思说"不"，有顾忌不敢说"不"，委屈着答应，委屈着说"是"，当你的委屈积累到某一天，你受不了了，就非常容易爆发，当别人出了一个错，你很可能就"数罪并罚"地发作，很可能一笔笔算旧账，告诉他当初你怎样一忍再忍，现在是忍无可忍。实际上，这对人家是不公平的，你当初就不应该答应，你答应了对方就以为这是你愿意的，现在你告诉人家你不愿意，人家也会愤怒。而且那个爆发反而最破坏关系，因为本身你把对方的一个错当作之前压抑的总和对人家发作，人家怎么会接受？所以对方也会对你发火，这样关系就被很可惜地破坏了。所以呢，能够自然地、及时地说"不"，就不会压抑那么多，就不会有后来"数罪并罚"的不公平，因为你及时地、恰当地说"不"，对方就知道你的界限，就知道怎么来对待你，也就避免了之后的冲突。所以，不需要"我已经忍你很久了"，你为什么要忍？你从一开始就该明辨界限的。如果当时不具有明辨的能力，那就尽量在明辨之后第一时间说出界限和需要。

当我们能够自然地说"不"，别人和我们相处是很容易的，他内心很踏实，不用有太多的猜疑和担心，因为他很清楚什么是我们不想要的，即便他不清楚也不会害怕，因为我们会告诉他，通过我们的说"不"，他就会更多地了解我们，他就感到安全和踏实了。

所谓自然地说"不"，有两个含义：其一就是直接不绕弯子说；其二"说不"就是"说不"，没有指责，不会让对方感觉自己不对。那个状态是，我只是告诉你"我不喜欢""我不愿意""我不能够"，而对你为何这样期望没有批判，没有"你怎么这样期待我""你怎么这样认为我""你怎么这样对待我"这些指责的味道，所以对方不会有压力，对方更能够说出他的期待，他会感到和我们相处自由而放松，即便我们不同意，那也就过去了，没有什么后患。

老实说，说"不"并不容易，尤其是面对权威、面对重要的事甚至利害关系的时候。我们也不必因为自己在某些时候讨好他人、违心说"是"而过于批判自己。然而，希望每当我们内心强大一些，每当我们对自己的认同、接纳、重视更坚实一些，我们就更能够说"不"，这种成长就很好。

我忽然想起几年前受邀去湖南做讲座的经历，讲座是一家南方的家教类杂志邀请我去的。第一场讲完后的下午，这家杂志的主编跟我说："孟老师，你这样的观点很好，但是年龄大的人可能不太容易接受。"我说："为什么我要他们接受？我只是分享我的观点罢了。如果接受，当然好，被认同是好的，可是如果他们不接受，那也很自然，不是问题。"主编说："那你难道不希望更多人接受你吗？"我说："我再不会去追求大多数，我只是分享我自己罢了。我无意改变谁，他们可以选择任何他们认为好的，他们是自己的主人，有权利来选择相信什么，他们认知的层次、自我的基础决定了他们选什么以及怎么做，我只是把自己做一个分享罢了，我是自助餐中的一道菜，我只是发挥自己的味道，我只是把自己的菜做好，我不管别人的手伸向哪儿。"

主编好惊愕呀，她没想到我会这样说，她是我的"雇主"，她给我的讲课费很不错，她没想到我会这么直接和坚持。结果是，讲完这两场后她就没有再请我，她并非讨厌我，后来我们还有交往，但是我不符合她的期待，她需要四平八稳的讲座，而我不是，我是真实而直接的。所以，我也理解她，我也接纳乃至喜欢自己这样，因为我就是"想说我内心的真话"而不是"说得体的、应该说的话"，所以我没有任何纠结，我愿意因此而失去一个讲课以及获得收入的机会。说实话，这是我的进步，甚至一年前我都不敢这么说，我很高兴自己越来越有能力去做自己想做的人。

与说"不"相对，一个有安全感的人也能够自然地说"是"。他表达同意、肯定、欣赏时都是真实的，而不是讨好的或者盲从的，他称赞一个人是出于内心的欣赏而不是为了对方高兴而去放大，他的称赞就是称赞而不是恭维，他的同意就是同意而不是违心，他说可以就是可以而不是勉强，他愿意给就是愿意给而不是出于某种原因不得不这样，所以这样的人在说"是"的时候是自然的，甚至是享受的。当他表达称赞、表达认同，当他选择付出和给予的时候，他也享受这些，他没有期待对方回报，他也不苛求对方对他的认同和感谢，他不会急于让人知道他的付出和善意，因为他完全是基于自己内心的流动而做，并不觉得自己在付出或者做好事。

一个有安全感的人也能够自然地说出自己的需要和期待，他不会羞于求助，也不会因为被拒绝而受伤。他会很自然地对对方说："这是我的困难，这是我的需要，你愿意帮我吗？你能够帮我吗？"如果对方能够且愿意的话，他会非常感谢的，但是如果对方不能够，他也理解；如果对方能够但是不愿意，他也理解也接受，因为每个人都有自主的权利，他能够尊重自己的自主权也就能够尊重别人的自主权，所以，面对拒绝，他不会感到受伤和愤怒。

我的一个高中同学，他对别人是有求必应，而当他需要别人的时候，他宁可自己咬牙苦挨也不说。一旦他被人帮助的时候，他就特别不好意思，不知道怎么感谢才好，甚至诚惶诚恐。实际上，这个根源是他自我价值感低，根源于他幼年饱尝被人拒绝、排斥和轻视的经历。

我有一个来访者说，天塌下来她先顶着，她从来没想过依靠谁。这样的好处就是她磨炼出了很强大的能力，坏处是她因为苦撑而把自己累病累倒，而她也隔绝了别人帮助她的机会，妨碍了别人和她接近，她深感孤单。

不能够对别人说出自己的需要是很妨碍和别人连接的，因为别人不知道怎么接近你，对方作为你的朋友也有需要去关注你并为你做点什么，这个需要得不到满足，对方会有无力感，日久生疑甚至生恼：他是不是不拿我当朋友呀，否则他怎么有困难不跟我说呢？这样下去，关系就停滞在比较浅的层面甚至出现倒退。

有一种情况，女性更多见，她们有心事和需要不说而喜欢让别人猜，如果对方及时猜中并给予满足，她当然就高兴得不得了，但是如果对方没猜着甚至根本没注意到，她就觉得对方不爱她、心里没有她，这对于别人是非常不公平的。因为对方不可能所有时间都在关注你，即便他关注你他也不一定有能力懂你。而这些人的逻辑就是"你爱我就应该懂我"，这是很不合理的，我作为心理治疗师是比很多老公更懂他们妻子的，但我绝对不如那个老公重视他妻子呀。其实，"你爱我就应该懂我"的期待是高得离谱的，"我说出来你能满足我"那就已经是一百分了。

简单来讲，一个有安全感的人，一个足够独立也对与他人的连接有信心的人，是需要但不依赖他人的人，是能够给予别人关心、接纳和认同的人，是不那么苛刻地向别人"要"而很能够"给予"的人。如果父母能够成为这样的人，孩子也就自然有安全感了；如果我们还不是这样的人，我们就可以从现在开始去学习和成长，为了孩子，也为了我们自己。

怎样给孩子安全感

孩子的双重渴望

让我们来想象一个场景:

一个两三岁的小孩,他在一边玩,玩什么,是搭积木还是拼图还是干什么不重要,总之他在一边自己玩;妈妈在旁边做着什么不重要,重要的是妈妈在,孩子找妈妈时随时能找到,喊妈妈的时候妈妈就能应,想和妈妈分享或者需要妈妈支持时,妈妈就能来。

这个年龄的小孩都有一点"执拗",他要你帮的时候非要你帮,你要不能帮他,他就发脾气哭闹。他不要你帮的时候就把你推开,你稍微参与,他都不允许,他都很恼火。

这个"执拗"里有对于"独立"和"连接"的双重渴望。

所谓"独立",就是我要自己做,自己探索,自己尝试,自己决定,自己学习,看看我能够怎样,究竟有多大本事,我要达成自己的意志,这个"独立"渴望不容"侵犯"。

所谓"连接"就是渴望被关注、被支持,需要的时候能得到帮助和保护,当我想分享的时候,我不会受到你的评判,而是可以毫无顾忌地诉说,你是真的关注我，所以你能理解我，所以，当我失败的时候你能心疼我而不担心我，当我成功时我们可以共享喜悦……这种"连接"的渴望也强烈到得不到就受挫的程度。

这两种渴望如果能够得到充分满足，孩子内心就建立了基本的安全感，虽然他概念上不知道什么叫"安全感"，但他心理上就有了安全感。

如果父母懂也愿意做，这并不难，就是他想自己玩就让他自己玩，他喊妈妈的时候，你就答应，他不要你过去你就只答应，他要你过去你就过去，他跑过来要你抱你就抱，他拉你过去看，你就过去看，不是为了照顾他而看，而是你真的愿意去看看，他遭遇困难，你就简单教他或者示范给他看，就这么简单就能够帮助我们的孩子建立安全感。如果我们这样做的话，会发现孩子很好带，他既不过分地黏我们，也不会疏离我们，都刚刚好，整个亲子关系温暖而舒适。

但事实上，我们小时候乃至我们现在的孩子大都没有这么幸运，因为大人不懂，所以孩子的两种渴望都经常受挫。

独立方面，因为孩子还不太会，所以会很笨拙，也可能弄糟，比如吃饭时想自己吃结果弄得满桌甚至满地都是饭菜，比如想自己系鞋带，好长时间都系不好……这时候大人就不能忍受了，要么是不希望麻烦，要么是赶时间、要效率，索性就代劳了，"来，妈妈喂你""来，妈妈帮你系"，孩子不干，温和的妈妈就说"你现在还小，长大了就会了"，急躁的妈妈会说"你自己又不行，还不要人帮，我哪有那么多时间呀"……

多年来，我总记得蒙台梭利女士那个观察：

幼儿园的院子里，孩子们围成一圈，有说有笑。圈子中间有个水盆，里面漂浮着一些玩具。院子里有一个刚刚两岁半的小男孩。他独自一人站在圈外，看得出他充满了好奇心。他开始慢慢走近其他的孩子，想挤进去，但是他没有力气，挤不进去。于是开始想办法，他的目光向周围移动。在他那张小脸上流露出的表情是很有意思的。突然他的目光落到了一张小椅子上，显然他决定把椅子搬到这群孩子的后面，然后爬上去。他开始向椅子走去，脸上露出了希望的神情，正在这时，老师走过去蛮横地抓住他，把他举过其他孩子的头顶，让他看水盆，还说："来，可怜的小家伙，你也看看吧。"

无疑这个小孩看见了漂浮着的玩具，但他却没有体验到通过自己的力量去征服障碍物所获得的快乐。看到玩具并没有给他带来任何好处，只有通过自己对智慧的运用发展其内在的力量才是最有意义的。当小家伙在感到自己快要成为胜利者的时候，却发现自己不由自主地被一双铁钳一样的手举了起来。原来他脸上那种欢欣、探索和期望的表情一下子消失得无影无踪，剩下的只是一种"别人会替他做事"的呆滞的表情。

孩子对"连接"的渴望也是同样迫切的，没有父母的允许，孩子几乎什么都做不了，没有父母的关注和支持，孩子会不安，因为孩子的独立性还非常稚弱，如果遇到困难得不到父母的鼓励和帮助，孩子会沮丧，而如果孩子因为不懂、不知而受伤，那他一定会对父母感到气愤。

通常是父母对孩子允许太少，看起来父母们特喜欢孩子"乖"，而不喜欢孩子探索。买了一盒巧克力，干吗你要每块都咬一口呀，好好的一个闹钟，你为什么要拆呀，拆了你又装不上，这不是糟蹋东西吗！……大部分父母还没有准备好耐心，没有准备好接受必要的浪费，他们看不到孩子成长、探索的需要，看不到比物品贵重千倍万倍的孩子的好奇心。好奇心是一盏灯，是一盏我们探索世界、学习求证、自我实现的灯，一个人的好奇心越强他的生命就越鲜活越有创造力，孩子、大师鲜活生命的最直接体现就是强烈的好奇心。没有了好奇心的人，他们的生命是灰暗、固化而无趣的，目前这还是成人世界的主流，他们已经习惯了没有好奇心，孩子健康宝贵的好奇对他们来讲是讨厌的打扰。

孩子越小越需要父母的在场和陪伴，得不到父母充分的关注对孩子来讲是破坏性极大的。父母工作太忙，没有时间、精力、心思来陪伴孩子，对孩子来讲是极为可怕的，只有极少数的孩子能和保姆、祖父母这些代替抚养人建立良好的依恋关系，大多数的孩子感到绝望，感到被遗弃。萨提亚女士曾经遇到一个女性来访者，她说：小时候，爸爸酗酒，回家经常打我，有时候用带着铁头的皮带——可是这不是我最恨他的——让我最伤心的是他最后把我送到奶奶那里，我感觉被抛弃了，爸爸不要我了！他是我爸爸，他却不要我了……另一个让我流泪的真实故事是：一个小男孩和妈妈生活，爸爸从来没有出现过，妈妈的情况也不好，也不是一个健康人，小男孩就孤苦无依地在亲友、社会机构间四处辗转，这个孩子就成了问题孩子，他暴躁、自残、打人，极富攻击性和破坏性。后来这个孩子遇到一个著名的心理治疗师，这位治疗师尽极大的努力去和小男孩建立温暖、信任、充满爱和接纳的关系，经过一段时间，男孩的情况有了好转，有一天，治疗师给男孩一支粉笔，告诉他可以任意画，然后就离开了。等治疗师回来的时候，他看到了让人震惊而心酸的一幕：男孩背对着他，等他慢慢转过身来的时候，治疗师看到孩子的整张脸都被粉笔涂白了，两道泪痕像两条小河从上流到下。孩子抽泣着说：我知道爸爸为什么不要我们了，一定是因为我是个黑孩子……

平常生活当然没有治疗室里的故事典型，可是因为父母没有充分的陪伴和关注而造成的伤害，却浅浅深深地埋在孩子们的心底。一个小小孩得不到父母的关注，不仅仅是孤单和不安的，他还经常因此而形成一个不符合事实却对他伤害极大的逻辑：那是因为我不够好，那是因为我不重要，那是因为我不值得。不能说这是必然，但可以说十有八九。如果你过去确实忽略了孩子，也不必追悔、内疚和补偿性地给予，那样反而不好，从现在起关注孩子，慢慢和孩子连接就好。

言归正传，我们再来看看给孩子支持和帮助。关键是，给孩子选择权。如果孩子提出要求，我们去帮；如果孩子没要求帮，我们就在安全范围内不去主动帮，因为那是打扰。像蒙台梭利女士所说的那个幼儿园场景，那是一个因为代劳而导致的被迫中断。包括一些提醒、建议也要适时而为，不能人家还没做，我们就说太多。当然最怕的就是不停地说，那就是唠叨，唠叨的无效性和破坏指数都是非常高的。孔子说："不愤不启，不悱不发。举一隅不以三隅反，则不复也。"我觉得这是非常好的，人家知道了我们还重复就是唠叨，人家不知道但自己能搞懂而且也想自己搞懂，我们就忍住那强烈的告诉人家的愿望，只有当孩子开口求助而且他也准备好了，我们再出招比较好。当然，有的孩子因为之前父母过多的代劳而形成了依赖，动不动就叫"妈"，实际上他自己能做，稍动一下脑筋就能做，这时候孩子还没准备好，不适合我们参与，不妨等他自己尽了力还不能够做好时我们再出招。

关于这方面，我的老师林文采说过一段很好的话，经过我的体会和改编，如下：

> 孩子，我相信你有能力应对你的问题，我也相信你能够从失误中学习如何做得更好，我看到了你的渴望和努力，我相信你会有自己的成就；当你遇到困难、被"卡住"的时候，我随时愿意提供帮助，但要不要我帮由你来决定。

保护方面我就不说了，它和帮助是类似的，父母保护孩子的本能极为强大，要注意觉察自己是否过分保护。

回到我最开始描述的那个场景，那个具有象征意义的场景里蕴含了孩子在成长期内对父母的基本需要，亲子生活中关于独立和连接方面的呈现无可计数，但本质上就是独立和连接两方面的渴望，接下来我会把我有限的观察写出来供你参考。

没有我，你行吗

有一天，一位很年轻的女来访者问我："孟迁，我可以和你谈性吗？"我惊了一下，说："当然。"她说："为什么我对性没有感觉？"我说："怎么个没感觉？"她说："性生活时没感觉，老走神儿，甚至自慰也不能获得快感，有时候，我想尝试一下同性看是否有感觉，孟迁，你说我会不会是同性恋？"

问题一下子变得扑朔迷离，我开始像啄木鸟一样带着她探索，很快排除了同性恋的可能。可是，为什么在这么年轻的年龄，在已经有性生活的情况下，对性如此冷漠呢？经过多少轮的假设、求证和探问，最后我们达成的共识居然是，症结在于她和母亲的关系，她觉得身体不是她自己的！

在她的童年，妈妈对她的"爱"无微不至到她由内到外的每一个角落，她吃多少，穿什么，要做什么，该怎么做，都由妈妈来决定，甚至她什么时候上厕所妈妈都来决定。她有一种强烈的感觉——身体不是自己的，她就是一个生物计算机，而妈妈才是她的程序，才是她的主人。所以，她疏远、漠视她的身体，她不仅对性没有感觉，而且对于"痛""热""冷"都很不敏感，她说，既然身体不是我的，那么就和我无关，对于身体——这个别人的东西，我为什么要感兴趣呢？她甚至故意无视和轻慢自己的身体，对漂亮衣服都不感兴趣。

我见过不少强势的父母，我见过不少管得多的父母，尤其是妈妈，她们连孩子的冷热也管，结果管到孩子不知冷热。孩子说不冷，她不信，她说我都冷你怎么能不冷？一位已经做了妈妈的朋友给我讲了一个她和强势老妈的段子：

> 去年和家人在北海，我说感觉很冷，我妈就非说不冷，然后给我讲了一大堆道理，基本上是说我身体热量不够，缺乏锻炼，在屋里开着空调，我还得穿棉袄。我妈越否定我的感觉，我就越觉得冷，后来把我爸的棉袄穿上，还是手脚冰凉。我妈就非说热，还脱一件棉衣。我把我妈的棉衣也穿上了，还是冷。第二天，大家都不争论冷热了，我也没那么冷了，也不用穿三件棉袄了。我知道，当时我妈非得否定我的感受，是我的心冷。

熟知中医的人都知道，身心是一体的。你看"性"这个字，一半是"心"一半是"生"，"生"可以理解为生命也可以理解为生理，所以那位女孩没有任何器质方面的障碍，却对性如此冷漠或许应该说是隔离，也就不足为怪了。

我经常看到父母们很多"作为"有剥夺的味道，他们连孩子吃饭都硬性管理，结果孩子没食欲不知道饥饱；连孩子冷热都他们说了算，让孩子不知冷暖不懂得调换衣服……这些都是孩子的本能呀。他们叫孩子起床，给孩子准备书包、行囊，结果孩子离开父母就没时间概念、丢三落四，这是孩子的责任呀。他们早早地剥夺了孩子犯错和失败的机会，照顾得万无一失，可孩子是要靠经历错误和失败来成长的。

弱的孩子经常和强的父母同时出现，慢的孩子和急的父母常常配套存在，拖延的孩子和催促的父母常常成双，为什么呢？难道有这么常见的偶然吗？

如果我对一个"强"的妈妈说"你需要你的孩子弱"，这貌似有点"没事找抽"。但是当我和来访者确立了信任，当我确认她准备好听的时候，我会这样说的，因为我确信父母在从中满足自己的需要。满足什么需要呢？父母可以从中感到自己"被需要"乃至"必不可少的重要"，感到自己"非常有用""非常有价值"，感到自己"强大""有本事"，感到"连接的安全"，因为孩子离不开自己。父母在创造一个现实："没有我，你行吗？！"

如果父母内心特别渴望和人连接，但是从未实现过，她就非常渴望和孩子紧密而牢固地连接，而最能让她确定自己"被需要""有价值""有本事"的就是这种"孩子离开他不行"的现实。这常常不是父母在意识或理性层面能够觉察的，可是这样的潜意识却支配着他们的作为。

我在生活中观察过两位妈妈，她们小时候和母亲的关系都很糟，所以无法从母亲那里获得认同和连接。她们非常敬佩自己的父亲，但是两位父亲都比较寡言且有威严。父亲如此或许是性格原因或许是其他，但总之，她们和自己的父亲很有距离，很渴望连接却又不知如何才能。然后，带着这个未能连接的深深的遗憾，她们长大嫁人，而不巧的是，她们和自己的爱人也不能很好地连接，所以她们连接的渴望并没有得到满足。诸位，渴望连接是人的本性，得不到满足是不可以的呀，寻寻觅觅了多少年多少月依然没得到那是不可以的呀，那么，当她们有了孩子，她们不自觉地就开始了这种寻求连接、自我确认的努力。简而言之，第一轮努力是对父母，失败；第二轮努力是对爱人，又失败；被渴望连接的本性驱动，她们自然地开始了对孩子的第三轮努力。

亲子关系是很独特的，它本质上指向分离。亲子连接的紧密度是日渐趋缓的下滑线，最紧密的时候当然是在子宫里，那时母子一体，孩子出生后，好长一段时间，孩子是完全依赖母亲的，但是随着孩子的长大，随着孩子的独立，孩子和母亲渐行渐远，两三岁开始孩子就渴望并争取独立，一直延续，青春期尤烈，直到成年成立家庭，那时候孩子和父母最远了，然后随着孩子继续长大，他们或有回归，但是永远不可能像小时候那样和父母紧密亲近了。

　　指向分离是亲子关系的固有属性，对于一个安全感足够的妈妈这不成问题，她会失落会不舍，但能接受并适应；但是如果妈妈安全感不够，就是说她连接的渴望没有实现，她内心是没有能力承受这个分离的，她会因此而无意识地阻挡孩子的成长和独立，因为孩子的长大和独立自然意味着不那么需要妈妈，想要离开妈妈做自己，自然意味着疏离妈妈。而安全感不足的妈妈是没有这个能力去面对这些的，她们内心是害怕和孤单无助的，她们会不自觉地去阻碍孩子长大，去创造一个"没有我你不行"的现实，那些所谓"我为你好""我为你做""我为你付出"只不过是名正言顺无可辩驳的"通行证"罢了，她们的内心像《潜伏》中的余则成一样别有任务。

　　你有没有见过破坏孩子婚姻的妈妈？我一个好朋友的亲戚是这样的，我嫂子的邻居是这样的，两位都是妈妈，都是孤单无依的单亲妈妈，她们情感上是"失去了孩子就失去了一切"的状态。行为层面上，她们就过分地介入孩子的恋爱和婚姻生活，当然她们会举着"我关心你""我最爱你"的通行证。我嫂子的那位邻居像一个控制欲很强的女朋友一样对待自己的儿子，每天通电话，"在哪儿""干什么"都要交代，甚至她明显表现出不希望儿子和媳妇单独相处，结果呢，当然是儿子和媳妇离婚，据说两人彼此很中意感情很好的。当然啦，小两口感情越好，妈妈越害怕。从某种意义上来讲，如果婆婆的安全感足够，不害怕失去儿子，天底下的婆媳关系多半都会好。

　　"强"妈妈都很能干，她们磨炼出的顽强和灵活、判断力和行动力都是过人的，这当然是好的，而且可以说难能可贵，她们对家庭贡献甚大，应该感谢。可是，与此同时，她们也太容易放大自己，很容易对身边的人过度负责，一个人抱怨是对自己不够负责、是小看自己，一个人对别人过度负责是小看别人。所以，"强"妈妈无形中会让别人感到压力，会侵犯别人的自主性，会剥夺他人尤其是孩子的成长机会。

　　我认识这样一位朋友，在她身上有机会目睹了一位"强"妈妈的转变。一方面，她真的是非常强，几乎没有她办不到的事情，她做生意就做到同行中的最好，她非常会治家，仅仅通过十来年的奋斗，就让家人过上非常舒适、殷实的生活，我很佩服她。另一方面，她有她的烦恼，夫妻关系出现问题，女儿离家出走，儿子怯弱孤单，她几乎驰骋了全世界，却在"家"里陷入旋涡。这位朋友真的不简单，在女儿离家的冲击下，她居然叫停了蓬勃的事业，放弃巨大的财富，专门应对家里的问题，她求助心理咨询师，她学习萨提亚，她从谋求解决孩子的问题到潜心自我成长，慢慢觉察到自己的人生脚本，慢慢觉察到自己的行为对家人的各种影响，经过一年的时间，她和她的家人都大有转变。有一天，她写下了如下的感悟：

　　我好像渺小些了，不需要背在身上那么多了，我可以不再是全家人的以及与我有关的全系统的主宰，为所有人操心，因为我了解到他们其实是会而且也有能力照顾好自己的，过往我太小看别人了，因为觉着人家不行，所以才付出了十二万分精气神儿，希望不只自己而是自己的全部系统做到最好。

　　而这个过程中，不只自己被累坏了、累病了，而且也把身边的人控制得窒息，要么受不了我的控制而想逃，要么讨好我证明自己真的不行需要我的帮助。这时候我自己呢？我自己被完全困住了！

　　这次课（某萨提亚课程）我看到了对自己的不关爱、不关注，上课前我好像从没想到过我作为一个有感受的人的个体存在，我好像把自己作为实现自己目标的工具了！而同样我给身边的人也设立了目标，也在要求他们为他们的目标努力，不许停歇——结果是别人都在我这列列车上坐不下去了，要么企图跳车，要么就开始生病。

　　我觉得朋友这段总结很难得，每一句都言有所指，深刻又准确。后来她做得也很好，不再那么"强"，家里的氛围变得更为宽松和温暖，女儿回家了，儿子慢慢变强，连老公也感到幸福了，仅仅是一年，这个家庭就变化这么大，让人欣慰也让人惊讶。

　　"强"妈妈通常是这样的：她们强大，她们通过为别人做事和别人连接，她们总也得不到足够的连接，她们深感孤单，而她们最怕的是孤单；于是，越害怕，就越渴望连接，就为别人做得越多。她们不允许被拒绝，被拒绝她们会很愤怒，"我这是为你好，你怎么能拒绝呢"，别人还需要她们，不敢让她们失望就讨好她们，装作接受和感谢，其实心里不舒服。她们对别人期待也非常多、非常紧，她们是"理直气壮"毫无自我怀疑地管理别人的，她们能量都很强，别人拗不过她们，内心的压抑日积月累，别人但凡有能力就会逃开，这样"强"妈妈就更害怕，她们就对别人越抓越紧，人害怕的时候总是这样，控制欲很强，越抓越紧。

"强"妈妈也是忙妈妈，她们总是很忙，看起来各种事情缠身，她们会说"真没办法"。其实这不是真的，没有人真的需要这样忙，尤其是没有人会真的一直这么忙。她们忙，是因为她们不能闲，闲的时候她们会空虚，会孤单，安静之中会涌出很多东西，她们还没准备好去面对那些东西。所以她们就忙，不让自己停下来，不让自己空下来，只做自己的事不会那么忙，只有兼做别人的事才会做不完，她们会说"我不做，他们不行""没办法"，这不是真的，"忙"是她们的游戏，并非现实，"没办法"是她们的通行证，是不易辩驳的谎言，并非现实。

走出这种旋涡的方法是和自己连接。一个人孤单是他心里没有自己，如果我们能看到自己，能认同自己、喜欢自己，感受到自己的丰富和迷人，有这样一个"自己"陪伴，我们也就不那么依赖于从别人那里索要了。这不意味着我们不需要和人连接，不希望有人认同和关注，两者的区别是：前者没有别人的认同、关注不行；后者没有也行，因为自己可以给自己，但有更好。

若能如此，我们就能给别人空间，尊重别人的意愿，关注别人的需要，反而能和别人很好地连接了。"没有我，你不行"的现实不再是我们的需要，也就不会出现，相反，我们会看到，原来每个人都有自己的一套，原来孩子的生命力那么神奇和强大，原来我们不做那么多反而对方更开心（因为他们有机会自己做），原来我们相信孩子、相信别人的结果是那么令人惊喜。

没有你，我不行！

当父母只是对孩子说"你是我的希望"，这个话还算轻，当父母说"为了你，我……"，比如，"为了你有一个完整的家，我才忍受这个不幸福的婚姻"，或者"我本来想死的，为了你我才活下来"，这样的话就非常重，但还不是最重的。最重的是"孩子，我只有你""没有人真的在乎我，我只能对你说""我只能依靠你"，这样的话就太重太重了。当然，有些父母是打组合拳，这三种话都说，那对于孩子来说，就是一个"完美"的极富伤害性的压力。

写到这里，我的心是痛的，是堵的，内心升起很多悲伤，因为眼前出现的那个最典型的人是我的父亲。

我父亲身上有很多闪亮的品质。他有才华，书法、文笔和口才都很好，智商也很高。他作为一个象棋爱好者，有一次和全国亚军切磋，在开局和中局都占到优势。他很有责任感，很有担当，也极为要强上进。性格上，父亲大度包容、不拘小节，感情丰富、重情重义，乐于助人，常主持正义、保护弱小，热情开朗，爱说爱笑。我父亲五十二岁就去世了，我没能参加葬礼，听我妈妈讲，村里人看着出殡的队伍，没有不哭的。

父亲本来可以很"优秀"，很"成功"，但事实不是如此，连我自己都惊讶。然而真的很遗憾，就好比所有的食材都是上好的，却没有做出一盘好菜。父亲人生的这盘菜充满了苦涩、过火和变味。

我父亲一生压力很大，似乎从来没有宽裕过，总是有尽不完的责任，总是有完不成的愿望，盖了一辈子房子，终老在那间最老最破的房子里。我父亲有间歇性的狂躁症，在我的记忆里，父亲多次"犯病"，"犯病"时狂躁难抑，没有平静时刻，每天只睡两三个小时，情绪激烈，不停说话，想起一出是一出。我记得有一次父亲在大街上和一个家族骂阵，说要打十年擂台。叔叔说，这些不算啥，父亲最严重的时候生活不能自理，当然那时还没有我，也就是说，我父亲的精神病史很早就开始了。

为什么这样？为什么如此？父亲不是开朗包容吗？他智商不是很高吗？怎么会这么过激，这么放不下？所有的品质都抵不过母亲（我奶奶）孤注的渴盼！所有的一切都抵不过儿子对母亲那份巨大的忠诚！

我必须来说说我奶奶了。我奶奶很美丽，六七十岁还是很端庄。我第一次看《红高粱》，当巩俐扮演的新娘出现，画外音在我脑海响起："这是我奶奶。"我想，或许我的奶奶当初也是这样美艳。我听老人们说过，当初我奶奶嫁过来时，也是一身红棉袄，也是美得三村五店都知道。

我奶奶算是一个大门户的女儿，我听我舅爷爷（奶奶感情最好的二弟）说，他们家有很多地，收很多租，来往的都是富贵亲戚。当然，后来没落了，我奶奶的父亲因为生活困窘，为了一口袋粮食，把她嫁给了我爷爷。

我奶奶因为出生年代注定是一个传统女性，但她的脑子蛮聪明的，从她说话、处事来看还是有水平的，她也极为要强，我父亲那个家是我爷爷出力、我奶奶操心。

当我奶奶美艳袭人地嫁入我们家，等待她的是什么样的生活呢？作为一个出生在 1926 年的女性，嫁给什么样的男人就基本决定了她的命运。

我爷爷是一个蛮独特的人，很遗憾我不能在此尽述我爷爷的独特，尽管那是我在其他人那里从未见过的独特。我爷爷不是一个能担起家的丈夫，也不是一个责任心足够的父亲。他懒得出奇，馋得出奇，很多时候是先顾自己，比如他和我父亲出去干活，他会抢我父亲的饭吃。工友都说：人家都是大人省给孩子吃，你倒好，还抢孩子的。父辈形容我爷爷说："万事不愁，油瓶倒了不扶。"

我爷爷的能力也不够用，他不仅不爱干活，也不会干活，而在那个年代，家里的男人最大的功能就是作为一个劳力，种地干活来养活家人，因此，家里揭不开锅不够吃是常态。到我妈妈嫁过来的时候，我两个叔叔还出去讨过饭。也就是说，整个家庭最基本的吃饭问题都不能保障。

还有一点不能不说，我爷爷是容易被人看不起的，受点欺负也难免，也经常被人当枪使。他脾气也暴躁，很容易被人点燃。他在"文革"期间担任村里的治保主任，可没少得罪人，而且得罪得很深，以至于几十年来我们家都有这方面的负担，比如保护我爷爷，比如应对人家的报复。就在四年前，我们家还遭受人家的挑衅和报复，而且是好几家一起。

现在来体会一下我奶奶——那个美丽、要强的大户小姐的处境吧。有一件奇怪的事，我奶奶记不住好几个孩子的生日。母亲居然记不住孩子的生日！我的推测是，那个时候她一定不爱生活，不爱生命，不爱自己，她在和我爷爷的生活中充满了怨烦和无力，而且那个时代没有避孕这回事，每次怀孕都是被动的，被动地受十个月的苦，被动地为这个自己不喜欢又不得不面对甚至忍受的男人生孩子，被动地承受分娩的生死考验，而且每一个孩子都意味着在不够吃的家里又添了一张嘴。

我问过叔叔，奶奶当初会不会悲观失望。叔叔说，不会，因为她很快有了你爸爸，你爸爸是她的希望。同样的问题我问舅爷爷，舅爷爷说，当然呀，好多年！直到有了你三叔，你奶奶才好点儿。我推算过奶奶生爸爸的时间，应该是在她结婚三年后。

简而言之，作为母亲，我奶奶处于巨大的失意和无力感之中，作为孩子，我父亲出于对母亲巨大的忠诚，极尽所能甚至过其所能地来满足母亲过分的期待。我父亲说，他三岁干五岁的活儿，五岁干八岁的活儿，十几岁就像个大人一样成为家里的支柱，作为家里第一个工作挣钱的孩子，一个人支撑了全家好多年。我叔叔说，父亲葬礼上，兄弟姐妹都是穿着全身的孝服的，那是在感激哥哥当初像"父亲"一样苦撑这个家。

多干点，多承担点，早熟一点，还不算问题，问题在于父亲身上的"急切"和"强努"，当作为母亲的奶奶一遍遍诉说自己的苦楚、难处和痛苦的时候，作为儿子的父亲恨不得马上就能够让母亲摆脱这些，他会拼了命地"急切""强努"地应对。奶奶在渴盼和催促这方面一定是很过分的，舅爷爷和我讲，有一次他为此和我奶奶急了，说："他才多大呀，你怎么什么都跟他说呀，他受得了吗？"

作为孩子是没有能力拒绝这样的母亲的，也没有能力认识什么是"母亲的事"、什么是"自己的事"，完全就是一个孩子在救一个母亲，在扛一个母亲。他怎么救得了，怎么扛得动？他哪里有机会去让自己慢慢长，让事情慢慢来，哪有机会去沉淀和等待，他只不过是出于对母亲巨大的感情在苦撑着！所以他的灵活性和融合性不够，他即使有好的食材也做不出好菜！当他即便牺牲自己也不能满足自己深爱的母亲时，当父母继续向他施压时，他不到二十岁就患上了躁郁症！

我叔叔有一句话对我说了好几遍，他说："你爸爸的死，是我们家付出的最大代价！"虽然父亲直接的死因是另外的因素，但总体上来讲，我觉得叔叔的话有道理。

言归正传，这就是"弱妈妈 + 苦妈妈"和孩子的一种互动。当我写这些时，我并不是要指责，包括对我奶奶、爷爷以及类似的父母们，事实上我的爷爷和奶奶也有很多其他的侧面，每一个人都像钻石一样有很多个侧面，如果你不被内心未满足的期待遮蔽，你会发现每个人都有神奇而丰富的方方面面。而我现在，只是想描述这种不利的互动。

我的奶奶应该算程度很重的，大部分父母可能没有那么严重。但是同类的却有很多，我的一个朋友昨天晚上讲述了她那寒门长子的父亲是如何努力做事，她的原话是"不惜生命地做事"。我的一个来访者告诉我，她曾经对人生非常失望，她的妈妈告诉她："孩子，我为你活着。"她说："你为我活着，我为谁活着？难道我也要像你一样结婚生子，然后再为我的孩子活着吗？如果人都为别人活着，那么生命又有什么意思呢？"

这位来访者的反问是有质量的，人为其他人而活的确是痛苦而无趣的，因为人天生渴望成为自己、做自己。实际上，人不应该为他人而活，人只有为自己而活才能活出生命本有的美丽和快乐。可是，对有一位"没有你，我不行"的妈妈的孩子来说，为自己而活很难，出于对母亲的忠诚，他会无意识地首先为母亲而活，为使母亲脱离苦海而活。这位来访者是"80后"，她是幸运的，这个年代的人有机会觉察、质疑和拒绝，而我父亲那一代人是没有这些思维的，他们会无意识地就把母亲的期待内化到骨子里，辛苦地背着，我父亲不仅是辛苦，实际上是被压垮了，"努坏"了。

"弱"妈妈有两个根本的特征，其一是苦，其二是弱。"苦"包含的是太多的期待没有得到满足，"弱"包含的是无助和无奈。这两者，再加上父母把孩子看作自己的附属，他们就会自然地把期待加到孩子头上，渗进孩子心里。通常来讲，"苦""弱"妈妈的期待都是非常大的，是超过孩子承受力的，自然会妨碍甚至伤害到孩子。

我想再强调一下孩子对父母的忠诚，那个忠诚是天然而巨大的，只要是健康的人都会对父母有极大的忠诚，侮辱、伤害父母都是一个人最不能忍受的事情，那些弑父、弑母的人都是扭曲的人。一个健康的人都会有对父母巨大的忠诚，这在我自己身上，在我所见过的所有人身上，只要那个人不扭曲到发霉，他都是有一种自然的对父母的忠诚的。孩子对父母的忠诚有很多表现，比如满足父母的期待，实现父母未竟的愿望，比如和父母保持相同的爱好……我见过一个人她坚持不做一种菜，因为那是死去的母亲最爱的菜，她用保持那个空白来在心里保留母亲的位置。所以，要小心我们对孩子的期待，因为孩子对我们的忠诚要比我们以为的巨大得多。如果我们期待太多太强，会非常制约孩子生命力的自然发挥，是非常妨碍孩子成为他自己的。

当然，父母对孩子零期待几乎是不可能的，父母很难避免把孩子看作自己生命的延续，看作另一个自己，每一个父母或多或少都会有这种情结。我们不必期望自己对孩子完全没有期待，事实上那是不可能也没有必要的，适当的期待对孩子也是有建设性的（这是另外一个话题）。但我们需要对我们的期待保持觉察，我想，如果我奶奶有能力觉察的话，她一定也会节制，因为母亲天生都是爱孩子的，事实上，我父亲去世后，我奶奶隔年也离开了，不止一个人告诉我，奶奶的去世和父亲有关，他们说，我奶奶白天不哭，只在夜里哭。

我们只需要为自己对孩子的期待保持觉察，那个期待是我们的，为其负责的应该是我们自己而不是孩子。为自己的期待负责不意味着不要期待、没有期待，而是：如果你能满足我的期待，那太好了，我要感谢你；如果你不能或者不愿满足我的期待，那也是正常的，我不会怪你。

我会尊重你的意愿并顾及你的能力，因为我爱你，所以决不允许自己的期待妨碍或者伤害你，即便你表示愿意。

有你更好，没你也行

"有你更好，没你也行"是一种模式，一个公式。这个"你"可以任意替换。

比如："有你的认可更好，没你的认可也行。"这就是我想做的，也是我能做的，如果有你的认可和欣赏，那自然好，没有也可以，因为这就是我，我认同自己，我接纳自己，我喜欢自己。

对金钱，也是如此。有钱当然好了，钱是多么便利的东西呀，所以我会重视钱，尽可能地去获得，但是如果我的条件不够，我不太能够、不太适合去争取财富，那么没钱也行，我也接受贫穷和拮据，除非我的头脑被"贫穷即无能""没钱即失败""有钱就幸福"等观念所扭曲，否则，我依然可以怡然自得。

对孩子，也是如此。我多么喜爱和享受我的孩子，我当然希望他好，什么也挡不住我对孩子的爱，可是，如果有一天不幸降临，那我也接受，我不会内疚，因为我清楚自己对孩子的爱，我绝不可能能而不为，我会伤心至极，但我不会一蹶不振。如果我把孩子看作自己的一切，我当然会在失去孩子的时候感到一无所有，但如果我只是把孩子看作非常好、非常重要的一部分，那我还是能走过去，能够接受生命中有遗憾，有悲伤，能够把孩子安放在我心里，带着感情和回忆继续生活。

这样的例子是举不完的，具体层面不相同，本质层面都一样。当你渴求一个东西的时候，你就会面临两种选择：A.有你更好，没你也行；B.没你不行，非如此不可。

有你更好，所以我去追求，这足以让我用力追求，那个"好"有多大，我用的力也就有多大；没你也行是我能接受，我不必担心，也无须对抗或控制。

对，控制，各种各样的控制，比如在亲子间，有的父母用强势去控制，你不听我的，我就打你，惩罚你，剥夺你的零用钱，剥夺你玩的机会，取消带你去迪士尼的计划；有的父母用"可怜"控制，用"生病"控制，我哭，我伤心，我自杀，你必然见不得你的父母这样，所以，你也就得听我的；有的用讨好控制，用付出控制，用牺牲控制，为了你我都不谈恋爱了，为了你我都去卖血了，你忍心不听我的？实际上，如果是我，如果我只能用卖血来供孩子读书，我会对孩子说，这是我愿意的，这是我的选择，你不需要有负担，我要是不愿意，你让我卖血我还不卖呢，所以你不必有负担，我做我愿意的，你也只需要做你愿意的。父母控制孩子，孩子也就学会了控制，有一次我去朋友家玩，该吃饭了，饭菜已经摆到桌上，我正在网上看一篇东西，我想看完再去吃，朋友十岁的儿子来叫我，见我不动，说：如果你再不去吃饭，我就把电脑给你关了。孩子真是父母的镜子呀，呵呵。

实际上，每一个孩子自然的状态都是"A"，当他想要的东西得不到，他会大哭大闹，但是哭闹之后，他就把这事放下了，他又开始笑，他的眼睛又开始发亮，几分钟之前，他刚刚经历了痛苦的失落，而现在，他又开始新的生活了。

但是这种生活并不长，很快他就被"社会化"。他首先被父母社会化：你一定要学习好，你一定要坚持练琴不能半途而废，你一定要听老师的话，你一定要懂事否则没人喜欢你，你一定要努力否则你就没希望，你一定要……这从来不是真的，每一届世乒赛，教练都说必须赢，不也有输的时候吗？输了又怎么样呢？输了让我们更有学习的机会，获得新的提升。

一切都没什么大不了，我们何必吓自己、囚自己呢？我们何必吓孩子、囚孩子呢？对，就是囚。因为那个目标，我们成为奴隶，犯错或者失败就被惩罚、被奴役；我们能否做一回主人呢？我们渴求，那就去追求呀，用我们的智慧和精力去追求，如果达不到，我们就调整再去追求，那就很好了，何必给自己头脑上一道重重的枷锁"非如何不可"呢？

每个活着的人都希望得到幸福，而幸福不是一个目标，幸福是一种心情、一种感受，如果我们享受追求，我们当下就会幸福；如果我们把幸福当作一个目标，我们只有获得的那个片刻幸福一小下，追求的过程会很痛苦，得到之后，又会有新的追求目标，又会接着痛苦。父母总是对孩子说类似于"现在的苦是为了将来的甜"的话，这是一个大到可怕的谬误，如果我活不到甜的那一天，那我岂不是一辈子只有苦？你以为"苦"是高效率吗？不！做得最好的人都是享受他的"做"，而不是咬牙坚持他的"做"，绝好的书法都是心手双畅，绝好的演唱都是忘我融入，绝好的东西都是在享受的状态下做出的，都是在沉醉中做出来的，只有不了解的人才相信"苦作舟"，但凡经历过的人都懂得"好之者不如乐之者"。

实际上，真正考验安全感的都是亲近的关系，比如情侣、夫妻和亲子。对于禁得住失去的关系，安全感不需要特别高就能够应对得来，即便一个人安全感不足，她依然可以是一个贴心的好朋友、一个出色的员工或者能干的老板，最考验一个人安全感的是亲密关系和亲子关系。

先来看亲密关系吧，这个更明显。

如果你的安全感足够，如果你对独立和连接的信任足够，如果你的自我足够，你不会太想念一个人，你会想念，可能很想念，但你不会想到失眠，想到发疯，想到自己的生活缺斤少两；你不会太怕一种结果，不会太怕拒绝，不会太怕不被接受，不会太怕对方对你不感兴趣；你也不会太生一个人的气，你生一个人的气，本质上是你想从那个人那里得到一种东西，但你得不到，如果你允许自己不能从对方那里得到，你就没有那么生气了；同样，你不会太害怕失去对方，倘若失去，你当然会失落会痛苦，但你不会崩溃，不会觉得生活不能够继续，你能忍受那个失落和艰难，慢慢走下去，而不是因此一蹶不振或者出现特别的状况。

真正做到"有你更好，没你也行"的人不会去逼别人，也不会屈从于别人的逼迫。你不会是说下面这些话的人：

> 要么你和我上床，要么咱们分手；要么你做我男友，要么我就永远不再见你；咱们要么结婚，要么分手，你选吧；要么你和我结婚，要么我就跳楼；要么你和我继续过，要么我就去死……

你不会说这些话，也不会被这些话吓住。你会有力地说：如果真是这样，我接受我们分手；如果真是这样，我尊重你选择死，因为如果我答应你的话，我也就死了，尽管我的身体还在，但我的心已经死了，我的心已经是奴隶，没有了自由的心，是一颗死的心。当然，现实中，所有这种"逼"都是手段，如果真是"死"的话，早不知死了多少回了。真正的自杀者，必有另外的原因，绝不会因为你的拒绝他就真的死。

所有这些"逼"的逻辑，本质上都是"非要你如我的意不可"，而不是"你如我的意更好，不如我的意也行"。这是一种极度缺乏安全感而去控制别人的方式，如果你不听我的，我就惩罚你，我就要你难堪，我就让你内疚，我就让你麻烦。最著名的安全感匮乏者希特勒说过一句很典型的话：如果你不听我的，你就是我的敌人。

亲子关系也是一样的，很多父母很愤怒地对孩子说：你怎么这么不听话？他为什么非要听你的话，即便你是对的，他也不一定要听你的，他没有错的权利吗？即便你是好的，他也不一定要听你的，他没有不好的权利吗？你如果非要孩子听你的话，你首先就犯了天底下最大的错：剥夺一个人的自由。

很多父母内心责怪孩子：为什么你不像我那样呢？我要是你的话，我会如何如何，你看看你，一点都不像我。可是为什么孩子要像你呢？难道你是宇宙里唯一的答案、唯一的标准吗？为什么你有的能力孩子一定要有呢？为什么你认为好的孩子一定喜欢？为什么你觉得应该的孩子也应该认为理所当然呢？为什么？为什么！难道孩子没有自己的本来面目？难道孩子独一无二的本来面目不值得相信和欣赏？

亲子关系中也充满了恐吓，类似于"如果你不怎样，别怪我怎么样"的情形是非常常见的，"如果你和她结婚，我就不参加你的婚礼""如果你考不上大学，别来见我""如果你挣不到钱，回家干吗""如果你和她走，你就不再是我的儿子""如果晚上再玩手机，我就把你的手机没收""如果你再招惹妹妹，小心我打烂你的屁股"……没有人统计一个小孩受过父母多少次大大小小的恐吓。

如果真的爱孩子，我会允许他对我说"不"，允许他按照他的心意做他自己而不是非要符合我的心意。我绝不会因为他不符合我的心意，就给他脸色看，就指责他，报复他，孤立他，惩罚他。我会明确地告诉他，你的选择不是我喜欢的，你的态度不是我赞成的，但是我尊重你，因为我爱你，所以我重视你、接纳你。

我当然会对自己的孩子有期待，有建议。当我有期待的时候，我会说："我很希望你能够……，但不用担心，如果你不能，那也可以。"当我想要建议的时候，我会说："孩子，我是这样看这件事的……如果你听我的建议，那很好，毕竟我是有一点经验的，如果你不听，那也可以，你尽可以按照自己的来，我相信，你最终一定有自己的一套。"

你相信吗？这样的话，我和孩子的关系会很好。你相信吗？这样孩子反而更愿意听我的，尽管这不是我的追求（更不是我的手段），这样孩子反而更愿意尊重我，因为他感到了我对他的尊重，感到了我对他的爱，所以他也更愿意、更有心爱我。

若想真的成为这样的"我"，若想真的能用这样的"我"做父母，首先，我们要成为一个安全感足够的人，一个内在自我足够充实而不是空虚或者饥渴的人，一个懂得并实践"有你更好，没你也行"的人。若能如此，那我们的亲子生活就不再是纠结、痛苦、挫败、无力，而是淡定和享受了。

Q 问答录 A

无须因为专家的话焦虑

Q： 我最近在生病，六周岁的大儿子在睡觉上总纠缠不清，他要摸我肚子睡而我却只想推他，我一边觉得那么大的孩子不应该这样，应该自己睡了，却也知道孩子没有安全感才这样。我现在很无奈、很纠结，请说说你的理解。

A： 没有什么是注定的。你也不需要按照一个标准去打造，无论是把自己打造成一个好妈妈，还是把孩子打造成一个健康的孩子，不需要打造，仅仅是相处，简单化，简明化。我现在凭我自己的感觉，我愿意孩子睡在我身边，我希望他睡在我身边，那"OK"；他想睡在我身边，那我觉得是可以的，那就"OK"，如果我不想也"OK"。我告诉你每一种情况都可以很健康，每一种情况都不注定是问题。所有的专家所有的书，包括我孟迁，包括任何某个谁……对于你来说，我们都是给你打工的，我们都是供你选择的，你是我们所有这些资源的主人，我们只是一个资源，对于任何人来说，他才是他整个世界的唯一的主人。然后其他所有的声音都是他的资源，他愿意选择什么是他自己的事情。而不应该去迎合外在的一个声音，觉得我达到那个声音我就够好了，我就对了，不是，这个方向反了。外在的任何一个声音，无论专家也好，无论哪本书也好，他符合我的内心我就聘用他，我就选择他，他不符合我的内心我就把他放在一边。如果它让我感到更加焦虑、更加不安、更加内疚的话，我一脚就把它踢到窗外去。

没有人需要因为不能为孩子做什么而内疚，也没有人能带给孩子完美的爱，力所能及就可以安心了。你说"我也知道孩子没有安全感才这样"，孩子有没有安全感不是父母决定的，你有没有安全感也不是你的父母决定的。当初父母无意伤害你，也伤害不了你；你无意伤害孩子，你也伤害不了孩子。让每个人为自己负责吧，你就只负责你的爱，你就只负责你没有焦虑，就够了。

我受不了老公对孩子大发雷霆

Q： 一大早老公又在大发雷霆，还因为孩子准备不用牙膏漱口打了孩子。

我实在受不了，又怕孩子感受到我的情绪更加不安，只好躲到厕所默默流泪，我该怎么做？

A: 谢谢你对孩子的爱，但我想说一个对你很有挑战的观点：除了你自己的想法，没有什么能让你感到痛苦，了解这一点才谈得上收回生命的主权。

我想到拜伦·凯蒂的故事，当她觉醒后回到家里，家里所有的情况看起来都是原状：丈夫还是那样暴躁地指责她；女儿还是酗酒、晚归，而且不能问，你问，那个孩子就非常怨恨地看着你。然而，拜伦·凯蒂改变了，她已能不再被丈夫激怒了，也不再焦虑如何改变女儿。

她依旧牵挂她的女儿，但她坐在客厅里等女儿时会安心，她清楚孩子不接受她的介入，然后她就安然地在沙发上等。她告诉自己，至少我的女儿可以死在我的怀里。她不再去想改变，完全尊重事情的发生。事情后来出现了转机，有一天她女儿近乎崩溃地回到家里，看到拜伦·凯蒂在等她，就扑到拜伦·凯蒂的怀里，说："妈妈，不管你对别人做了什么，请你也这么对我。"这有一个小背景，拜伦·凯蒂觉醒之后，她发明了一念之转，她家经常有人来求助，她女儿之前对此不闻不问，这一刻，她对拜伦·凯蒂说："妈妈，不管你对别人做了什么，请你也这么对我。"

我讲这个故事是说，不是你看到的让你难过，而是你头脑中的想法决定了你的"看"，进而决定着你的感知。

我有一个表姑，她讲她小时候虽然是女孩子，但非常野，她经常到池塘里和一群男孩子游泳，然后她爸爸就拿着棍子在后面追她。我听这个姑姑讲的时候，丝毫感觉不到她介意，看不出她受伤，对她来讲，她觉得这一点都不是事儿。假如你是这个姑姑的妈妈，自己的老公拿着棍子追打自己的女儿，你会怎么看？

担心和可怜并不是爱，而是我们内在未曾释放的恐惧。我想到另外一个故事：

一个小女孩转学到一个陌生的移民学校，班上一个同学钱丢了，大家都怀疑是她偷的。老师来问她，她当时非常慌张，也不太听得懂老师讲的话，就点了一下头，老师就认为她默认了，所以就要求她向丢钱的那个男孩还钱并且道歉。小女孩不敢告诉父母，只好一点点省钱还给小男孩。这个小男孩每次都对她很不尊重，把手伸到她面前，趾高气扬地向她要钱，小女孩感到很羞耻很无奈。这样的日子持续了好多天。后来小女孩长大做了妈妈，有一次，她和孩子一起坐校车去学校。下车时，校车司机忽然说，我的钱包里面的钱少了，一定是车上的孩子拿了，我要翻你们的包。这个时候，这位妈妈就特别地惶恐，她说："不要不要，你丢了多少钱你说，我马上给你，请不要翻孩子的包，那个对他们来讲伤害太大了，他们幼小的心灵经不起这样的伤害。"

很显然，害怕的是这位做了妈妈的小女孩，而不是校车上的孩子，假如她能释放过去的恐惧，她也不会如此惊慌。恐惧总是和过去有关的，没有过去就没有恐惧，所以，你不妨借此反观一下"我还有什么卡在过去，我还在害怕过去的什么"。

至于老公，同样也是你的想法在起决定作用。如果你相信老公对孩子的爱，如果你相信老公也在不断改进，你就能看到老公对孩子温柔、对自己省察的一面，就算你再看到他对孩子发火，也不会像现在这样不安和难过了。

我的女儿不达目的不罢休

Q: 孩子快五岁了，对金钱没有概念，每天幼儿园放学后，必须去超市买点东西才回家。但东西买回来后就放那里，然后她转身就算计还喜欢什么。班上某个小朋友有一个小玩意儿，虽然她也有同类产品但还是想要，然后她就会花两天的时间不厌其烦地和你要，你不答应她就一直说，什么也不干就在你身边磨叽，我们全家都很怕她惦记上什么。我狠心过不给她买，结果在大街上闹得很没面子，她哭得也差点背过气去，还把买的玩具摔坏了！然而，她争取来的玩具回家后一次都没碰过。我现在就是苦恼她的"烦人劲"，不达目的不罢休，让人受不了！

A: 如果孩子"东西买回来后就放那里，然后她转身就算计还喜欢什么"，说明她真正要的不是玩具，既然想要的不是玩具，那也就不是能通过玩具来满足的。那么，孩子想从不停地要求家人给她买东西的行为中得到什么满足呢？确认被爱？掌控感？试探底线？……我很想强调一点，五岁的孩子虽然在社会性、知识、能力层面和成人相去甚远，但是感受能力、心理需要和父母是完全相同的。

看到你说"我们全家都很怕她惦记上什么"以及"我狠心过不给她买"，我有一个猜想是你们对孩子缺乏界限。不满足孩子不是狠不狠心的事，而是可以有一个明晰而确定的界限；如果"全家都很怕"，那也正好被孩子

"要挟"。

我非常提倡重视孩子的需要、感受和想法，但这不代表不需要界限，相反，两者是相辅相成的。尽可能地满足孩子是爱，界限外的拒绝也是爱。相反，不重视孩子会伤害到孩子的自我价值感和安全感，无界限、无拒绝也同样伤害，因为孩子不会相信你什么都答应她的，而你又表现得好像什么都答应，于是她就会去试探那个界限，你越不确定，她就越试探，她会用各种方式看这个界限是不是能打破。常见的是哭闹，有的孩子还会不吃饭或者用其他更严重的方式。父母不可能完全满足孩子，也不需要完全满足孩子。

孩子从亲子生活中获得"不是所有的愿望都能实现"和"很多愿望都可以实现"是同样重要的，前者防止孩子完美主义、理想主义，后者涉及追求的信心。

关于界限，我想说，首先，这个界限不是人为的，不是不必要的。我说的人为，是指父母出于某种个人的愿望，而去刻意创造什么氛围。比如，经济条件非常好的家庭为了让孩子节俭而装穷；比如，为了让孩子"坚强抗挫"而制造困难。我不赞同这样，也没有见过这样做的父母取得过好的效果。生活自然就有它的界限，坚持那个界限就好。

其次，界限不是一个命令，而是一个规则。我们所以遵循这个界限是为了更好，而不是让我们难受，就像交通规则一样。界限的制定需要和孩子商量，不能只反映一方的意志，而忽略另一方。

和孩子谈性谈什么

Q: 孟迁你好，我的孩子眼看就进入青春期了，我想和她谈性，可实在不知道谈什么，可以说说你的看法吗？

A: 和孩子谈性最好在生活中自然地谈，随着孩子的兴趣谈。具体而言，下面几点是我希望告诉孩子的。

1. 性不神秘。

每个人都有一副身体，这副身体从小小的变成熟变老，每个人都是这样，男人女人都是这样。人们可以因为禁忌、隔离或者羞耻而把异性的身体看作神秘、觉得神秘，并充满幻想或者向往，但这不是必然的，别忘了我们的身体在异性眼里也是异性，就像我们自己的身体不神秘一样，对方的身体本身也不神秘。

2. 性不羞耻。

性是可以做的一件事，我们可以做很多事，吃饭、跳舞、游泳，也可以有性行为。性就像我们的身体一样，它不好也不坏，不羞耻也不崇高，因为它没有自己的意志，性可以表达深刻且热烈的爱，也可以呈现为侵犯和不尊重，全在于我们怎么看待和使用它。

3. 性是个人的。

每个人都对自己的身体拥有主权，而且只有自己才有这个主权。性是每个人自己的事情，但是社会加了太多的评判在性上面，这实际上制造了很多恐惧，当我们谈及性尤其是用性表达自己的时候，总会害怕别人的眼光。应对这种情况的方法是，首先我们是性的主人，我们自己可以完全做主；其次，我们也尊重别人做他们自己的主人，我们不随便议论。我们不喜欢被别人随便议论，所以我们不随便议论别人。

4. 性是值得尊重和祝福的。

如果我们尊重生命，我们就该尊重性，因为性是我们来到这个世界上的方式；性是生命重要的部分，每一刻我们自己都作为有性别的人存在着，如果不尊重性，我们就不能感到自尊的完整；而且，最深入、最全面、最亲密的情感满足是在性关系中产生的，如果我们尊重自己获得亲密和幸福的自由，我们也要尊重性，异性之间的吸引不仅是自然的，而且是美好的。总有一天，我们会渴望和异性深深地连接，这不仅是堂堂正正的，而且是值得祝福的。

我无法面对妈妈的担心

Q: 我今天状态不好，妈妈打电话我挂掉了，我不敢和妈妈说我心情不好这类的事，我怕她担心。我无法面对妈妈对我的担心和焦虑。

A: 不要害怕对方担心，害怕对方担心，就是在给对方担心。我们如此不喜欢别人给我们的担心，为什么要把担心给别人呢。

担心是一个人的选择，对于父母的担心，我们最好的态度就是接纳和允许，而不是对他们负责。对他们负责的意思就是我想减少他们的担心，我报喜不报忧，这是人们惯性的做法，是被提倡的，但实际上它是有害的，对双方都有害，除非妈妈那方明确说请不要告诉我坏消息。

　　害怕别人担心也和自己的自信程度有关，如果你非常相信自己，你知道自己没有问题，你就不需要害怕别人的担心，因为你知道那是没有必要的。我对妈妈从来不"报喜不报忧"，有些情况可能是她担心的，但我还是告诉她，她担心我就让她担心，但是我知道自己会走过去，当我自己心里有底的时候，妈妈也没怎么担心。

　　我多次体验到，当我完全没有焦虑完全信任自己的时候，我经历到的外在也没有人焦虑，也都是信任，我们达到一百分，外面就没有或者有也丝毫不影响我们，影响不到我们也就等于没有。当然，没有人永远都是一百分，有焦虑是正常的，因为别人的焦虑而焦虑也没关系，不需要批判和排斥这样的自己，自然就会好了。我们都在路上，知道方向就够了。

第 **4** 章
重视——爱的聚焦

　　重视即是聚焦，人们无法看到自己不重视的事情。绝大多数孩子的痛苦都是父母只重视其心目中的孩子而非孩子本身，那种"没有一个大人看到我，甚至他们都不看我"的痛苦是很多人内心或隐或显的梦魇。

　　重视是非常直接的爱，每个人都会感念那些真的在乎过他们又并非有所图的人。父母们常常是出于自己的需求而期待孩子，却以为这就是爱，这是孩子愤怒的常见原因。

　　父母要想真的重视孩子，他首先要懂得重视自己，他不为别人的期待而活，不为"常理的应该"而活，而是跟随自己内心，尊重自己的感受并和自己保持连接，他尊重自己的直觉和主权，当他能对自己做这些，他就能够给孩子这些。

我所说的"重视"

如果说父母通常并不重视孩子，几乎所有人都会反对。但我要说的就是孩子得到的重视太少太少了，真正能重视孩子的父母比亿万富翁更稀少。

我理解那些父母为什么不赞同我，他们会说："我为孩子做了那么多，付出那么多，我几乎把孩子看作我生活的重心，你敢说我不重视孩子？孩子是我的，难道我会不重视？"那些认同我的人可能说："孟迁，我几乎同意并喜欢你说的一切，但绝不敢苟同你说我不重视孩子。"那些脾气不太好的父母会在心里或者直接说："你脑子没病吧？我那么爱孩子，我把孩子看得比我的生命还重要，你居然说我不重视孩子？"

我了解这些声音，他们是真诚的，是对的，他们的确很"重视"孩子；但我也是对的，在我看来，他们的确很不"重视"孩子，我们用的虽然都是"重视"这同一个词，却有不同的含义。

我的一个朋友对我说：父母对我很好，为我创造最好的学习条件，他们省吃俭用为我攒钱，到现在我的收入已经大大超过他们，已经完全独立，他们还是为我省吃俭用，想帮我买房。他们从小就把我看成他们的希望，他们说他们的人生已经定型了，接下来就看我的了，他们说自己当初没机会上大学一定要让我上最好的大学，他们如愿了，我不仅上了最好的大学，而且还在国外读到了博士。他们真的是对我非常好，把我看成生命的至重，他们都是自己认为好的就给我，他们认为应该的就要求我，他们给我、要求我、安排我，但从来没有问过我一次：你愿意吗？三十年了，他们从来没有。现在我要谈恋爱，他们一个说，你一定找一个家庭条件好的，一个说，你一定要找一个个子高的。前两年，我谈了一个女朋友，她家境普通、个子普通，母亲曾有过婚外恋……爸爸就对我说，如果你和她恋爱，将来我不会参加你的婚礼。

我知道这不是特例，很多家庭如此。而在我看来，真正的重视首要的就是重视对方的意愿，无论这个对方是孩子、是爱人、是朋友还是同事，只要我重视他，我首先应重视他的意愿。而当我根本无意了解对方的意愿，而只是按照我理解的"好"对他，按照我的"应该"期待他，那我会认为这实际上是在重视我自己，而不是在重视对方。

重视是最直接的爱。通常来讲，凡是真正的重视，都会让对方感到爱，凡是貌似"重视对方"根本上是"重视自己"的，对方都会感到不舒服。如果你经常对对方说的是"你愿意吗？""你喜欢什么？""你需要我做什么？"那么你和这个人的关系想必是好的；相反，如果你经常对对方说的是"我这是为你好，你知道吗？""我知道你怎么想的，可是这不行，你知道吗""你就照我说的，绝对没错""我这是在帮你，换了别人我才不管呢""你现在不明白，将来就知道我是对你好了""我这样要求你是对你负责任"……那么你和对方的心一定是有距离的，如果对方还有求于你，对你有所依赖，他会表现"感谢""认同"，但只要他离得开你，他一定远离你，因为你这种强加式的"对人家好""对人家负责"实际上是对人家的"侵犯"。对，侵犯。我清楚地记得第一次听到这个词，是在一个成长工作坊里，一位患抑郁症的女学员声泪俱下地说："我知道他们（家人）是为我好，可是我感到自己被侵犯了！"

去年冬天，一位女性朋友和我讨论毛衣，她看着我身上的毛衣说："孟迁，到你过生日的时候，我送你一件毛衣吧，你什么时候生日呀？"我说："我的生日过去了，你不如现在送我吧，我正好可以少买一件。"她说："那不行，要到生日时送才行。"我的这位朋友是非常在意生日的人，而我不是，我经常忘了自己的生日。我想说的是，这位朋友要送我毛衣，当然是好意，问题是在这个前提下，她重视的是我还是她自己呢？她坚持要生日时才送，而我对生日并不在乎；她想送我一件毛衣，不愿意在我正需要的时候送，而要等明年生日时送，她重视的是"我的需"还是"她的给"呢？

一位朋友打电话给我说：她不喜欢儿子玩暴力打斗的游戏，她觉得那上面的形象都狰狞邪恶，所以她把儿子所有的游戏卡片都收了起来。晚上，儿子说，妈妈，我不玩，我照着卡片画画行不行？她说，不行，我跟你说了，不许玩这样的游戏，这是一个坏游戏，我不想让你学坏。

我问她，你儿子也不是第一天玩了，他的行为因此有变坏吗？她说，没有。我说，幼儿园里大部分男孩子都在玩这个游戏，你看到有其他的孩子因此变得更暴力吗？那些本来就爱打人的不算。她说，那倒也没有，但我就是不喜欢我的儿子玩，我看见他玩，我受不了。我说，对，是你受不了，不是他。你不能够忍受这种游戏有你的原因，但是你的儿子玩这个游戏完全没问题，你却不允许。她不说话了，我继续说：实际上，你儿子这么爱玩这个游戏，一定有他的需要，可能他因为这个游戏而和伙伴们更有话题，你知道你儿子在交往方面是有困难的；可能他玩这个游戏可以缓解他的压力，你知道你的情绪不稳定、你强势，你儿子可能被压抑了很多情绪；可能还有其他原因，但可以确定的是，这个游戏能给你儿子带来快乐并没有让他变坏，而你坚决不允许。她沉吟了一会儿，有点不好意思地说，正如你说过的，"为孩子好"是我的通行证，尽管我还不了解自己为什么这么讨厌这个游戏，但我很清楚地知道，这件事上，我重视的是自己不是儿子。

在东北冰雪营的父母沙龙上，有一天我遭遇了一个"麻烦"。一个五年级的男孩子闯了进来，无论大家说什么他都不肯走（父母沙龙是允许孩子参加的），后来知道男孩子是来捣妈妈的乱的，因为下午在车上妈妈强行没收了他的游戏机，妈妈说只能玩半个小时，结果他只玩了十多分钟，妈妈就强行收走了。

父母沙龙因此暂停，营长侦探得知后就进来和这个男孩聊天，他们聊了快一个小时，聊了很多，其间，侦探问他：你妈妈爱你吗？男孩子很大声地说：不爱！侦探说，你妈妈一个人辛辛苦苦地照顾你、供你上学，你感激她吗？男孩子说：不感激。不，感激，我感激她不由分说送我去辅导班，让我没时间玩，烦得要死；我感激她因为一点儿小错就打我，让我恨得要命；我感激她逼着我做作业做到凌晨两点，让我差点儿发疯！

男孩子的妈妈就在旁边，她脸上的尴尬和难过让我都有点儿心疼。可是，这就是事实，这就是她眼里含着泪光的儿子正在怒声怒气说的话。

事实上，这位妈妈是单亲妈妈，我不愿在此提及她的经历，但我知道她多么不容易。我知道她把生活的重心和希望都放在了孩子身上，我知道她为孩子做了多少。可是她的儿子说的每句话也都是真的，无论多么有违妈妈的初衷。

中国父母最常负的责任就是设计、安排孩子的前途，他们对孩子苦口婆心，严加看管，希望孩子将来有一个好的生活。中国的父母最习惯的爱的表达就是照顾，供给孩子尽可能好的条件，为了择校费勒紧腰带，对孩子照顾得从头到脚从里到外……可是这些都是孩子最不容易感到的爱！为什么呢，因为父母对孩子未来的设计，孩子没有体验过而不能真正理解，相反他们感到的是压力和无奈；因为父母的照顾是孩子生而有之、习以为常的，习以为常到视而不见。这几乎就是父母们对孩子全部的"重视和爱"，可是孩子的感受却恰恰相反。

这些做法难道有什么不对吗？当然没有，这完全对，只不过他们忽略了孩子作为一个人的需求和权利。

如前所述，孩子作为一个人，除了在物质照料、发展环境上的需求外，还有心理需求，在他的身体需要得到各种营养的同时，他的心理也需要各种营养。他们需要被重视，他们的意愿、需要、喜好、自主权需要被重视；他们需要被接纳，当他们力不从心的时候，当他们失败的时候，当他们犯错的时候，当他们出现问题行为的时候，他们需要被接纳而不是惩罚和责备；他们需要被认同，被肯定，被欣赏，他们渴望自己的努力被看到，他们渴望自己的进步被肯定，他们希望自己的才华和创意被欣赏，他们希望自己的好意被了解，他们希望自己的进取心和责任心被相信……

如果得不到这些，他们就会觉得父母不懂他不关心他，他们就会失望就会愤怒，就会觉得父母不爱他。那个男孩子的愤怒以及对妈妈的指责和讽刺也就可以理解了。实际上，心理需要比我们通常感到的重要得多，远非快乐不快乐这么简单，正如一个孩子生理营养不够会生病，一个孩子心理营养不够也会"生病"。一个孩子偷东西、骗人、具有可怕的攻击性，一个孩子交际困难、自卑、过分怯懦，一个孩子频繁地吃手或者自慰，一个孩子经常性地无精打采眼神恍惚，一个孩子拧得要命或者毫无主见……这没有一样是天生的，自闭症、痴呆、小儿麻痹、心脏病有天生的，而我所说的这些没有一样是天生的，都是心理营养不足导致的状况。

在认同、安全感、重视、接纳这四种心理营养中，最容易让孩子感到爱的就是重视。当我看到父母没有问孩子喜不喜欢就去决定，当我看到父母没有问孩子愿不愿意就去安排，当我看到父母没有问孩子需不需要就去给予，当孩子并不想说父母却"出于负责"而非要知道究竟，当孩子想自己做父母却"为了更好"而插手帮助，当父母怀着"为孩子负责"的天经地义感去翻看女儿抽屉里的日记……我就认为这样的父母并没有重视孩子。

重视孩子的感受

孩子，你可以生气

我清楚地记得爸爸说的一句话：惯孩子吃，惯孩子喝，不能惯孩子发脾气。当时我很小，只从字面上知道是怎么回事，远不了解这种态度对一个孩子意味着什么。

大家都称赞我的温和，只有很少的时候（或许一个月都不会有一次）我会起急，而且一急起来就特别急，尽管我不认为自己无度，但对方已经感到很难接受。我妈妈说我"急脸子"，我也认为这是自己的性格，但现在我的看法有些改变。我想这或许是因为自己的愤怒被过多压抑了。

我从来没有、从来不敢对爸爸表现愤怒，相反我遭受着爸爸不计其数的愤怒、暴躁、差遣甚至胁迫。我不知道"胁迫"这个词是不是准确，我记得很多次爸爸很大声带着挑衅地拉长声音叫我的名字、差遣我干活，我越是不愿意，他越是用这种威迫，而且会在后面加上一句"越快越好"。想象一下，有件事你不愿意但你不敢说"不"，你出于害怕不得不做，对方还要拉长声音如同炫耀般地说着"越快越好"，我感到被欺负，感到屈辱。

朋友听我说小时候挨打不许哭都很惊讶，"怎么，还不许哭呀？"我也感到惊讶，怎么，这很奇怪吗？我们家都是这样，我爸爸打我和哥哥从来都是这样，我叔叔打我弟弟也是这样……写到这儿时，我哭了，我觉得这真是不公平！

我五岁的时候随爸爸到四川他工作的兵工厂里生活了一年，我记得他的宿舍里挂着蚊帐，墙壁是白色的，我怕进到那个宿舍，那个白色的气场让我害怕，小小的我还不知道"白色恐怖"这个词，但那真的是白色，真的是害怕，一种无处可逃的害怕。

我当然也记得爸爸是惯我吃的，我记得我爱吃食堂的一种肉饺子，爸爸津津乐道和人家说我居然吃那么多，居然那么爱吃，而猪蹄我吃到腻。三十年过去了，我现在知道满足我当时的吃法爸爸尽了很大的努力，我猜想那是因为爸爸童年饥饿、食物贫瘠的痛让他选择这样疼爱我。我也慢慢明白了，我拥有的是这样一个爸爸，他惯我吃，惯我喝，不惯我发脾气……我又流泪了，这个悲伤比刚才还要剧烈一些。

现在的学习让我能看到更完整的画面。相较于我在爸爸这里受的压迫，爸爸在爷爷那里更甚。去年爷爷去世了，二叔又提起当年爷爷暴打爸爸不止的事情，快五十年了，二叔还是会提起，那是我们家族里的重要画面。我相信爸爸出于爱已经节制了那个"传承"，我清楚地记得大概六年级的时候，爸爸怒气冲冲地进门，我知道自己有错并认定在劫难逃，但后来爸爸还是平息了，我感到他的怒火在燃烧，但是他克制了，最后好像连句责骂都没有，我相信那是爸爸尽了很大的努力。

尽管我觉得爸爸可以理解，也感谢他的克制，但我并不觉得爸爸的做法公平，我还是要对当年那个"小小的我"说：孩子，这不公平，你值得被更好地对待。

好了，现在我要说一说，一个孩子的愤怒被压抑意味着什么。

愤怒中包含着自我肯定和力量感。愤怒的被禁止，至少在这两方面会让孩子的自我受到损伤。当这种感受多次重复，会形成一个很有惯性的模式影响孩子的未来生活。对于那个小小的我来讲，如果表达愤怒和爸爸对峙是危险的，会招致不可预测的责打甚至会死亡，事实当然不会，但作为小孩子的我会这样以为，会放大害怕——弱者总是会放大害怕。问题是只要孩子这样觉得，他就受这样的影响。他会形成一个认识——发怒是危险的，从而习惯性地压抑自己。

后来，我很长时间都不会发怒，要么突发，要么压抑，憋在心里难受好久。我记得好几次自己气得发抖却说不出话来，记得自己很羡慕那种顺畅发怒、越生气说话越有力的人。当自己的愤怒被父亲像核桃一样压碎，自己缴械而父亲完胜的同时，我相信自己的力量感大大受伤了，我在某种程度上成为被捆了腿的公牛。

当我不敢愤怒时，实际上也在坚持自己、肯定自己受到挫折，我在为自己说话方面有困难。我清楚地记得，有一次，我和一个朋友分享我和某权威人士的纠结，朋友听完说："孟迁，你怎么不会为自己说话？你刚才的话都是在理解别人为别人着想，你怎么不会为自己说话？"我发现自己为别人着想是那么擅长，而为自己着想、为自己说话就不那么自然而是需要努力，很谨慎、很小心，生怕自己过分，总是优先考虑别人；而遭遇不公或不被尊重时，我会进入合理化模式，对自己说"对方是情有可原的""他的出发点是好的""这件事太小了，不值得计较"，试图忽略自己的感受，息事宁人。我是花了很久才分辨出这些，慢慢学着能够说出"我知道你没有恶意，但我还是不愿意接受这种情况""这件事本身很小，但我心里的确有些介意""我知道你是在开玩笑，但我不喜欢"。

我相信绝不是我一个孩子在家里有过类似的遭遇。我注意到很多孩子在表达不同意见时感到困难，害怕他人尤其是权威不满（甚至只是可能性不满），而一味顺从讨好别人并隐藏自己真实的声音。这样，他会安全，会被接纳甚至被喜欢，但问题是他不能和人真正地亲近。你有没有见过"老好人"？谁都说他不错，可是他和谁都不真的亲近。你有没有经验过对人尊敬却只是尊敬？因为你不敢冒犯而不能放松？可是如果不能放松和不能自然，如果你不相信自己和对方一样重要，如果你不能坦诚而充分地和对方交流，你怎么能和对方产生密切的感情呢？还有一种可能是这个孩子在长大后变得任性，特别倔强，丝毫不想听任何不同意见，忍受不了哪怕是很小的指责、质疑，而一味地强调自己，这同样会给他带来建立亲密关系的困难。

　　我相信爸爸的那句话一定很有他的背景，我听说他小时候很苦，吃不上、喝不上，如果有一碗面，爷爷会先吃不管他，他把自己节省而让孩子吃好喝好看作很大的爱；另一方面或许爸爸见不得孩子被溺爱到没有界限，不希望自己的孩子也这样。我想或许和我爸爸有类似想法的人不止一个，而是一大群。我相信这些爸爸是出于善意才这样做，但是他们的觉察不够完整。重视孩子的吃喝很重要，不溺爱孩子、为孩子建立恰当的界限也很重要，但是孩子的感受和情绪也同样值得重视，甚至更值得重视，因为这关乎孩子和自己内心的连接。

　　其实"脾气""愤怒"本身并不是坏事，每一个感受和情绪都是中肯的，它只是内心的一个信号，我们有无数的选择来处理这个信号，但这个信号本身没有错。我们并不需要杜绝孩子的愤怒或脾气，我们教他怎样恰当地应对就好。实际上，愤怒是有很大能量的，很多时候愤怒可以让我们更果断、更有决心和力量。有一次去杭州演讲，我忘了自己因为什么而生气，但是我决定好好爱自己，决定好好地准备演讲，结果付出了比平时多好多的努力，而最后演讲效果也很好，这样的经验有很多次。现在当我遭遇愤怒、生气时，我会对自己说，你可以生气，可以选择要不要表现出来以及怎样表现，然后问自己，你气什么？然后问自己可以做什么，怎样为自己负责。

　　我一般会先了解自己为何愤怒，因为愤怒是内心很大的声音，那绝对值得了解，当真正了解后，愤怒常常也就消失了，然后，我就为自己做一个决定，看怎样让自己更好过，怎样让不喜欢的事情不再发生，把愤怒中的失落、压抑用到更爱自己、更好做事上，这是我的常见选择之一。所以，愤怒并不是问题，而怎样理解和对待愤怒、怎样对自己的愤怒负责才是问题。

　　我相信，孩子的愤怒不能自然流露，就只能不自然地流露，一种是迁怒他人，一种是怨责自己，怨责自己不好、怨责自己软弱无能。而无论哪种，孩子的自我价值感都受到了损伤，当他的情绪、需要、声音被强行压制，他又怎么能感受到自己的重要和自主？比较好的态度是对孩子说："孩子，你可以生气，我相信那不是无缘无故的，来，告诉我你怎么了，你想要什么？"

仅仅是这种关心和相信的态度，就可以让孩子的愤怒消去很多，相反你若是指责："怎么说话呢？你怎么能这样？你太不像话了！"那就会激发或者压制孩子的愤怒了。当孩子表达出自己的需要和声音，你就有机会帮助孩子看到自己有很多选择，有机会告诉孩子他可以为自己做最好的选择并为之负责。当然，我们也完全可以用这样的方法对自己。

不要让孩子害怕我们

我在成长营里结识了一位好朋友，我们亲切地兄妹相称。在心理助人以及亲子关系方面，她非常看好我，说我是大师坯子，在相处的时候，她也非常喜欢我，她欣赏我的自由和纯真，我也很喜欢她的性格，所以，营里的那几天我们过得特别愉快。

三个月后，我去她所在的城市参加笔会，我们又有机会在一起玩和聊天。我发现她身上有两个地方让我羡慕：在没有办法判断的时候，她能放得开去做做看；当犯错的时候，她能放下继续走。我说的"能"是她很自然地就那样，而不是像我一样需要努力。

后来，她给我讲自己童年的故事。她说，她父亲就说过她一次。那次她大概七八岁，当时一家人在吃早饭，爸爸离开凳子去盛粥，粥很烫，爸爸盛了满满一碗。不知她的哪根筋搭错了，她居然想使个坏，就在爸爸落座的那一瞬间，她一下把凳子抽走了，结果爸爸摔了个四仰八叉，粥也洒了一地。然后，爸爸站起来，掸掸身上的土说：这小丫头片子！

她问我，你做过这种事吗？我说："我？别说做了，想都不敢想，一星一点都没想过。"

这件事对我触动很大，我简直是震惊：啊？她居然敢对自己的爸爸这样！和父亲的关系居然可以这样？

那天聊得很晚，她又讲了不少小时候的事。当时我还只是诧异我们两个人和父亲关系的不同，并没有想到这件事这么入我的心。

结果，第二天早上我就做梦，梦到自己和爸爸。

梦里面，在老家，爸爸要去"西禾"（村南某片地的名字），我想跟着去，但不敢跟爸爸说，就问娘，娘说：去吧，跟你爸爸说呗。我才跑到外面，在爸爸后面喊：爸爸，我也想去。爸爸说，走吧。说着爸爸就去开车，是一辆很破旧的农用车，驾驶室只能坐两个人的那种。结果爷爷也要去，那我就只能坐在后面的车斗里，而后面的车斗非常脏，我就和爸爸说自己去屋里找个东西垫上。

结果，我到屋里觉得拿这个也不是拿那个也不行，都觉得舍不得（或许是怕人责怪我不该），就站在那儿犹豫，不知不觉应该过了不小的一会儿，心里很害怕爸爸等急了责怪我。正为难、担心呢，就看到爸爸气呼呼地走进来，在他进门的时候我抱住他，我感到爸爸身上流了好多汗，好像爸爸出了很大的力一样，而梦里的我知道这是父亲躁狂症发作时的状态，我也阻止不了爸爸，他就像一个失控的高温机器，我怕得不行，万幸的是爸爸并不是针对我，要是针对我，我就更害怕了……

醒来后，我感到特别大的悲伤，一个人在床上痛哭，心说，原来我有一个这样的爸爸：他不针对我，我已经感到万幸了！别说愤怒了，连悲伤都没有，只剩下害怕了。对于那个处于极大的害怕中的"小小的我"来说，他的自尊是极低的，他完全没有机会觉得自己重要，没有机会给自己肯定，他所有的生命能量都用来让自己不犯错甚至让自己不被注意，他根本顾不上自己的感受和意愿。虽然梦里面的事情不是现实，但梦里面的情绪和关系却是真切的，我知道那就是我成长中的真实处境。

一个人的成长绝不是由一个因素决定的，但是我相信，我后来和师长、权威相处时那种隐藏自己、不敢说"不"、太怕犯错、不容易从歉疚感走出、敬畏而有距离的状态，和自己童年对父亲的那种害怕，以及害怕时贬低自己的价值是很有关系的。而妹妹除了能放开尝试和原谅自己犯错外，还一贯地和师长、权威关系很好，能自然地亲近，这和我形成鲜明的对比。

在亲子关系中，如果孩子不怕，那他和不怕的那一方父母连接还算容易，不是说一定能连接好，但相对还是容易的。然而，假如他怕，他和他怕的那一方的连接就自然产生很大的困难。心理学上的经验是，若是一个孩子能和母亲连接好，他为人就比较宽大，他的人际关系乃至亲密关系就往往比较好；若是能和父亲连接好，这个人的自我价值感、自信心乃至做事的格局就相对比较好。我的另一个好朋友，就是典型的和母亲冲突，和父亲很亲近，她在事业超有成就的同时经历了巨大的人际关系困难，和丈夫以及子女的关系也很糟糕。

所以，如果孩子很怕你，那么他一定很难和你真的亲近，因为亲近需要安全、放松和敞开，而他怕你必然就担心和紧张。

我还觉得如果一个孩子在家里不害怕，他几乎可以不怕全世界。即便他以后的人生中遭遇很大的挑战，他也会比别人更有勇气和信心。从很大程度上来讲，在人生最初的六七年里，孩子和父母的关系就是他和世界的关系，而他也将从和父母的关系中感受自己、定位自己、期待自己，他也将多次重复之后形成模式，并以此来应对他未来的人生和所处的世界。这个模式固然能改，但那个牢固和深入程度就常常超乎意料。

我小时候经常听大人说：孩子在家里没个怕的人不行。我理解他们的意思大概是说，如果没有人管得住孩子，如果不能够给孩子某种威慑，孩子就会变得非常过分、毫无规矩。现在，我很不同意这个观点，因为我觉得家庭内不是阶级斗争的关系，不是"要么东风压倒西风，要么西风压倒东风"的关系，不是"谁说了算""谁听谁的"的权力斗争关系，而是爱的关系。爱本身就包含着顾及，孩子爱你怎么能不顾及你呢？孩子爱你会希望你高兴、希望你满意，自然地就会尊重你的意见，哪个孩子不渴望自己的父母欣慰呢？相反，如果你非用让孩子"害怕"来制约，这让你因为可以把控而感到踏实和放心，那么你可曾想过它的代价是什么？在我看来，如果你让孩子因为害怕你而屈从你、讨好你，等于大声对孩子喊：你不重要！

而一个孩子"感到自己重要"是多么地重要呀！他感到自己重要，他就会担当，就会有责任感，实际上也只有他感到自己重要他才能有责任感，你见过哪个觉得自己无足轻重的人有责任感呢？而且他有话就能讲出来，做事就有高期望，高期望会带来高水平的努力，这样他的人、他的成就自然会好很多。

我坚信，除了溺爱孩子、一切听从孩子和把孩子管住吓住压住之外，有第三条路，那就是彼此尊重，平等磋商。从根源上来讲，孩子相对父母是"弱势方"，他依赖父母太多，所以，如果你尊重他而不是讨好他的话，他怎么会不尊重你的声音呢？

每个感受都有自己的价值

一个人如何对待自己的感受最初是从家里学的，这也是父母能教给孩子最好的事情之一。

或许我们首先可以做的是不否定孩子的感受，无论那个感受是什么。

当一个孩子考了好成绩而喜形于色的时候，他的父母可能会说："至于吗？瞧你那得意忘形的劲儿，你还差得远呢！"这样实际上就妨碍了孩子对自己的认可和庆祝。他会觉得或许父母说得对，我没那么好，这件事没那么好，也很可能觉得展露自己的高兴是让人不喜欢的。实际上为自己的成就感到高兴是对自己的自然滋养，不管那件事情你看起来是否值得，孩子的高兴就是高兴。若这种自然感受受阻，孩子就很容易成为那种怎么都不敢太高兴、总觉得自己做得还不够的人。看看我们身边有没有这样的成人呢？或者你和我一样在某种程度上就是？

当一个孩子因为失去某个机会而难过的时候，他的家人常常会说："别哭啦，都过去啦，难过有什么用，别难过啦，往前看……"这不是我赞成的，当一个人处在悲伤中时，最好只是陪伴，相信等悲伤被充分地体验，接纳就会从他内在升起。

当一个孩子尤其是男孩子害怕的时候，他很可能听到类似于"有什么好怕""怎么连这都怕，胆子太小了吧""真懦弱，真不像个男子汉""怎么像个女孩儿（或小孩子）"……这种对害怕的否认和贬低只能让孩子更害怕，他会因自己害怕而羞耻，会害怕自己的害怕。实际上，只有勇敢的人才承认自己的害怕，一个真正勇敢的人不是没有害怕，而是不顾自己的害怕，带着害怕做自己要做的事。

实际上，如果一个人能完全接纳且尊重自己的感受，那就没有任何问题，悲伤、愤怒、害怕、羞耻、妒忌都不会有问题，如果你不批判不对抗自己的感受，那个感受不会持续太久，再大的情绪能够自然流动，都没有问题；如果你否认它、压抑它，它可能纠缠你很久，几天、几月甚至数年。因为感受是内心的直接反应，如果感受受阻，生命的能量就不能自然流动。如果它不能自然地流动，它就会不自然地流动，因为能量是不灭的，它必须流动。自然地流动怎样都是好的，而不自然地流动，你就不知道它会怎么坏。

接纳和尊重的感受不是凭空来的，那需要对"感受"有足够的了解和信任。请你相信，任何感受本质上都没有好坏之分，它们都是无辜的。感受是忠诚的信使，每一封信都来自我们的内心。如果你对客人能以礼相待，理解并答复好这封信，客人就会走了。相反，如果你关门不接待，这个客人就会一次次地不请自来，就像一个送快递的，怕你收不到一趟趟地送，因为你关着门，他怕你听不到就敲门、砸门甚至撞门，白天你不开门，他晚上再来。那就是你做梦的时候，你的保安（理性）下班以后。

客人的执着是重要的，因为信的内容很重要，这封信包含着我们的期待、渴望，包含着我们内心的本能需要。越是强烈的感受，"信"的内容越重要，越有价值。所以，如果你处于巨大的情绪中，从某种意义上来讲，值得恭喜，因为这意味着你对自己将有重大发现。

"正面"感受不说了，人逢喜事精神爽，看天天蓝，见水水绿，我要说说"负面"感受的价值和好意。

焦虑是好的。焦虑是不好受的、恼人的甚至是可怕的，但它本身包含着极有价值的东西。可以承受的焦虑，让你认真、小心；难以承受的焦虑，可以给你更意义深远的东西，它会告诉你哪里想错了，哪里的界限是有问题的，最常见的是你不顾现实而过高地期望自己，你有完美主义倾向，你有强迫性的观念。比如你不顾事情的节奏，而希望更快、更早、更好。倘若你能仔细探究你的焦虑，你会看到你头脑里刻度的偏差，把那个刻度调过来，你就会安然且有效率，而这非常重要，可以避免你此后重复类似的挫败、无望、自责、慌乱和失眠。

　　嫉妒是好的。嫉妒告诉你自己想要的是什么，以及有多么想要！若你能够稳住神，不急于排除这种不快，而是能够对自己看得深一点，你会发现内心的很多饥饿，尤其是童年时完全无助的饥饿。倘若你有能力去处理或者有机会找到人帮你处理，你的人生会因此开阔和自由许多，尤其当你发现自己不再那么无助，只要你愿意，你可以实现很多；当你发现你虽然有那种饥饿，但你也有另外一种食物，而那个食物的营养也很宝贵。虽然这不是一条容易的路，但这是一条通往爱和希望的路，而让我们难受的嫉妒，正是信号灯。

　　压抑是好的。压抑让你安全。忍一忍，至少当时你获得了安全，在你没有能力或者准备去应对那个冲突之时，压抑保护了你。所以，请感谢每一个压抑，至少它让我们平安地存活下来。至于我现在要不要压抑，那其实还是取决于我有没有准备好应对一个可能的冲突。老实说，小时候，在那日渐遥远的童年里，压抑是难免的，我们依赖父母和他人，我们没有足够的能力独立，没有足够的能力保护自己，不压抑几乎是不可能的。而压抑虽然保证了安全，但是也委屈甚至扭曲了我们，甚至形成了习惯性的压抑。如果有了压抑的习惯，我们很可能在不需要压抑的时候依旧压抑，然后特别委屈和愤怒。好的方法是，努力地觉察和区分，过去（童年）我不得不压抑，现在（成年）的情境我还需不需要这样，如果我们可以且愿意承受，那我们就可以表达自己的不满和需要，也就不需要压抑了。

　　无聊是好的，甚至是珍贵的，如果你不急着把它赶走的话。青少年是很容易感到无聊的，那其实代表着他们灵性的敏感，代表他们在意生命的价值和意义。此前，太小不能够，此后，太大就麻木了。所以青春期时的无聊感是一个被包裹的灯笼，如果他不急着摆脱，他会发现包裹中的光，而那是他接触自己此生原本使命的良机。因为无聊或者感觉没劲，告诉你现在做的不是你要的、不是适合你的，那什么才是？否则你怎么开始寻找呢？

　　绝望是好的，如果你不害怕绝望，允许自己绝望的话，那么绝望是很好的。一种情况是，绝望意味着你要换一个思路，这个思路不行，你要换一个角度、换一种方法来试试；另一种情况是，绝望意味着你需要更新你的期望，而那个期望其实早就对你不利了，而这个期望所以占据你这么久，是因为你有贪恋并觉得有希望，现在好了，你无法贪恋了，你的路到头了，你需要换一条路了，而当你走到适合的路上，你会发现整个世界都在等着你，都给你预备好了。真正的绝望，不仅可以停止你继续错用自己的感情、才智、精力，而且可以带给你生命里程中质的转变。

没有不好的感受，只有不被尊重的感受；没有可怕的感受，只有缺乏了解的感受。如果你讨厌、对抗某种感受，那个感受就会成为你的敌人，当你尊重、了解那个感受，你会发现自己在面对一个多么善良而重要的朋友。

重视孩子的"想要"

重视孩子的每一个"想要"

"每一个'想要'都是一个意愿甚至渴望。如果我害怕你不耐烦、数落甚至责骂而不敢要，或者根本把我不当回事，我怎么能感到你的爱？

"每一个限制或拒绝都是痛苦，不是说你不能给我限制或拒绝，但请给我一个充分且可以理解的理由，如果我不能够理解，请先建立我对你的信任，否则，为什么我要痛苦？如果不是我愿意而是出于被迫，我会感到压抑，而你却说你爱我，我该相信哪个呢？

"并不是我不愿接受你的要求，问题是，我怎么知道你的要求一定是为我好而不是变相地为你自己？我的生活不能没有你的限制和拒绝，问题是，我怎么知道每一个限制或拒绝都是因为不可以、不能够或者禁不起，而非你不愿意麻烦、不愿意努力，仅仅因为你觉得不重要？"

这是人从孩提时代从对父母开始而慢慢扩展到对所有亲近关系的一些提问。如果要建立和父母乃至他人的亲密的、高质量的关系，都需要能禁得住这些提问。倘若能够禁得起，那么信任就能够建立。如果小孩子能够和父母建立这样的信任，他就很有被爱感并愿意听从，并由此内化一个可信任的父母声音进入内在，等他长大后，他就能毫无困难地重视自己并自觉地自律。倘若不能，这个小孩就很容易陷入冲突，常常表现出各种程度的漠然和拖延、小事大怒或者偏执任性。

生活中，父母对小孩子的忽视是普遍的。父母们习惯于关注自己的给，而不是孩子的需；他们并不能充分地顾及小孩子和自己一样重要的事实，他们很多时候因为害怕或者想要省心而拒绝孩子的要求，并且因为他们自己的成长经历（他们习惯的父母曾经对待他们的方式），而缺乏觉察，认为理所当然。

我的一个来访者下班后和老公、孩子一起回家。车上，三岁的孩子说想把鞋脱下来，她觉得几分钟就到了，于是就说："脱什么呀，待会儿又得穿，宝宝，忍一下啊。"孩子不干，就哭，闹了半个晚上才停止。

另一位妈妈给我讲了类似的事情，前几天晚上十点钟，两岁的宝宝要去楼下玩，她说："我们明天早上去。"宝宝很大声音说："不！我就要现在去。"她想到宝宝的感冒刚好，还有点咳嗽，外面刚下过雨会有点凉，并且又是晚上，就拒绝了。

对于脱鞋这件事情来说，你觉得没必要，他非常想要，你愿意满足他吗？你满足他并不困难，也没有害处，只是稍稍费一点事，他就能感到被重视，你为什么不做？你不是无比地爱孩子吗？为什么当他需要时你给不出，你本来能做却给不出？

当然，和很多妈妈一样，我的来访者自然是非常爱孩子的，她之所以拒绝，是因为她有一个担心：这样算不算是溺爱，会不会把孩子宠坏？而她从小没有得到过这样的爱，她身边的人也都认为这样的事情不该为孩子做。

实际上，爱，永远不会溺，而溺从来不是爱。溺是没有界限的，溺是父母内心不敢拒绝，是父母见不得孩子难过，即便那个难过是良性的，父母见不得孩子对自己失望，忍受不了孩子对自己疏远，所以就以孩子满意为标准而无界限地逢迎孩子。爱不是这样的，爱是可以说"不"的，但每一个"不"都是出于爱，都是出于"这样更好""这样才行"，每一个"不"都是必要的，而在这个基础上尽可能地满足孩子，而脱鞋事件属于尽可能满足的范畴。

　　这种满足不会宠坏孩子。相反，能让孩子感到你会重视他的意愿，日积月累，会让他相信如果你能够你一定会满足他。这样一方面会减少他对你的试探（试探你是不是重视他），而因为有了对你的信任，他会更愿意接受你的限制和拒绝。从具体行为层面说，这样的事情，孩子经历了，他尝够了脱鞋后光脚的舒适，会觉得不过如此，何必再麻烦，下次自然就不再要求了。

　　至于下楼事件，这位妈妈有一个更具体的担心，就是这时候下楼有可能再引发感冒。大概她从来没有经历过这样的事情，有时候孩子仅仅是想感受父母的爱，并不真的想满足一个具体的愿望，当父母欣然应允，孩子忽然就不想要了，因为他已经很满足了。

　　退一步讲，如果真的再次感冒又会怎样吗？难道我们生活中没有这种情况吗？他没下楼可能因为开窗有点凉风又感冒了，那又怎么样呢？说到底，也没有什么大不了吧。

　　我们可以对孩子说，下楼玩可以啊，现在刚下过雨，外面很冷，我们多穿点衣服好不好？这种情况下孩子十有八九会愿意的。我们还可以说，可以下楼玩，但你感冒刚好，有可能会再次感冒，当然也不一定，你愿意冒这个险吗？

　　这样的做法，重视孩子的需要，并给孩子选择的自由，又尽到教导（就是提醒他天气）的责任，我觉得这样才是成长性的教养方式。假如孩子因此感冒了，他会从中学习到什么情况才适合外出，他会心甘情愿地接受自己的损失（感冒），并增加对父母的信任。

　　简而言之，我认为父母能够给孩子的爱是这样的：一方面，孩子，你尽可以说出你想要的，如果我能满足，我一定最好地满足，如果我现在不能满足，我会尝试寻找办法来满足，而且大多时候是能想到办法的；另一方面，我会对你的某些要求说"不"，而每一个"不"的原因都是"充分而必要"的，而且我会尽可能地让你去选择和尝试。

　　闭上眼睛，花一点时间体会一下，如果童年父母能够这样对我们，我们会怎样？然后，再想一想正在迅速长大的孩子，问问自己是否愿意这样对他。

不是可不可以的问题

父母们重视"好坏""对错""成败""标准""规则"远远大于重视孩子的自由、意愿和快乐。

肯德基有多好吃吗？客观上来讲，肯德基的"好吃"是很有限的，但是，很多父母把它当成垃圾食品而控制孩子，尽量少吃，或者干脆就是不能吃，结果，可怜的孩子在过生日时嚷嚷：我要吃肯德基，今天是我生日，你不能管我。结果，肯德基成了他们的梦。这就是压抑产生的助长。好比一本并不出彩的书，因为被禁而流行一样。

很多父母只允许好的，完全摒弃坏的。对于"好"，是越多越好，对于"坏"，一点点都不要。结果是，孩子对"好的"越来越厌烦，越来越拖拉，越来越心不在焉；而"坏"的变成了诱惑，变成了不可遏制的冲动。很多孩子到星期天或者假期，报复性地玩游戏、看电视，无休无止，废寝忘食，生怕再没机会。我觉得孩子们这种飞蛾扑火般的状态和父母的高压直接相关，巨大的压抑，产生了巨大的饥渴。游戏和电视就像肯德基一样本身没有那么大的魅力。

如果你能把任何事情都平常对待，好的、坏的都摆在孩子面前，告诉孩子你的理解，允许孩子按照自己的意愿选择，即便他选坏的，那么，你会发现，孩子多数时候会选好的（当然，追求完美的父母可能会认为这不够，他不要多数时候，他要全部），因为好的就是好的，唯一的不同，这个选择出于孩子的意志而不是你的意志，所以，更为可靠。如果你告诉孩子，肯德基在我眼里是垃圾食品，但是如果你愿意吃随时可以，你会发现，孩子哪有那么爱吃肯德基呀。其他也是一样，孩子看一天电视或者打了一个通宵游戏，和他做一件更有营养的事比如发挥自己的特长主持一场晚会、通过用心地训练在钢琴技能上获得进步、写出一篇让自己舒畅而满意的文章、和好朋友有一次深入而温暖的交谈、在一本好书里沉醉了一个下午、全心投入地做一张试卷取得好成绩、满身大汗地打了一场酣畅的篮球相比，哪个内心的满足更大、快乐更持久呢?

只要孩子的舌头是健康的, 他一定会感到肯德基的单调; 只要孩子的心是健康的, 他一定会追求更充实的快乐。一个一直被管制被压抑的孩子渴望放松、自由, 扑向电视和游戏, 他们可能停不下来, 但是当他们精疲力竭之后, 会感到空虚和没劲。当他做了那些更有营养的事情, 他会觉得很兴奋、很充实、很有价值感和存在感, 他自然地会更喜欢这样。但大部分孩子没有这种自由选择、自然选择的机会, 父母只允许好的, 越努力越好, 越认真越好, 越单一越好, 最好是孩子从早上一睁眼到晚上闭眼之间, 一直做有意义的、有价值的、充实的、进取的、不浪费时间的事, 要么就是非常自觉、认真地做作业, 要么训练自己的才艺、锻炼身体去运动等, 总之每一刻都不要浪费、每一刻都有意义——当然这是父母眼中的"意义"。结果他们发现孩子非常拖延, 变得不那么喜欢"好""价值""充实", 反而"放纵""沉迷""反叛""刺激"成了他们的渴望。

凡所压抑, 必是助长。当孩子终于有自由的时候, 他并不选真的快乐的事或者对自己好的事, 而是选一直没有机会或者担心以后再没机会做的事。孩子的内在动力就这样被扭曲了, 我们要不要制造孩子对坏的渴望呢? 我们可不可以不让孩子被迫选好呢?

从另一个角度讲, 我不认为父母真的有能力阻止孩子"坏"。如果他真的不想上学, 你能怎么办? 你顶多把他拖到学校, 但你无法让他把心思用在听课上。如果他真的想伤害自己, 你能怎么办? 他用不吃饭来惩罚自己、对抗你, 你能怎么办? 他用做过火的事来表达对你的不满, 你能怎么办? 他用什么话都不说来对抗你, 你能怎么办? 说到底, 孩子的命运不是你可以安排的, 孩子的选择也不是你能控制的。

事实上, 为自己做选择并负责是弥足珍贵的, 人之所以为人也在于他能为自己做选择。也只有是自己的选择, 我们才真的愿意负责而不是只给个交代;只有是出于自己的选择, 我们才会快乐, 幸福就是"我愿意", 幸福是"我想做的我做了", 而不是"这是你要的, 我给你做了""这不是我想要的, 可我不得不做";只有是自己的选择我们才能真正成长, 无论我的选择行得通行不通，经历后我都知道了，都成长了。如果我的意愿得不到实践，那么我怎么知道自己行不行呢？即便按父母说的全做对了，那也不是我的，我一点自信心都不会有，一点切身的体会都没有，一切对我来讲都是隔岸观火。

会有不少父母认为：可是孩子太小，他并不懂得为自己做选择，那我们怎能不为他做选择？

首先，你怎么知道他不懂得为自己做选择呢？根据自己的心意来做选择是人与生俱来的能力，你有没有注意到孩子极小的时候就会选择让谁抱他？是他不懂得为自己做选择，还是他选择的不是你希望的？

其次，从某种意义上讲你是对的，孩子需要一些成长和经验才能更好地为自己选择。这恰恰是我们让他尽早为自己做选择的理由，而不是剥夺他为自己做选择的理由。

有一次，我和嫂子一起带侄女言言去商场买玩具。面对琳琅满目的玩具，小言言兴奋极了。但很快我发现，言言并不是一个有经验的挑选者，她的选择显得轻率，她不是先多看些玩具再选，而是在她视线所及的一小部分玩具里，只要稍微有些喜欢，就赶快拿在手里，生怕过一会儿就会失去。

没多久，言言手里就拿了好几个玩具。我告诉言言：你想要什么玩具都可以，但只能买两个。言言听了开始细看手里的玩具，经过比较只留下一个玩具在手里。事实上，剩下的这个玩具很快也被放弃了，不久，她就发现有很多玩具更具吸引力。

后来，言言看中了一个手工拼装的模型，那是一个别墅样的复合房屋，包装盒很大，包装上的图案漂亮得没话说。我不知道玩具比较大是不是言言选择它的因素，因为这貌似对这次买玩具的机会利用得比较充分。但是我觉得她一定是被外观上的图案吸引了，她简直是认定了自己喜欢它，毫不犹豫。

但是，也很容易看出，这是一个不太容易玩的玩具，四岁的言言一个人肯定拼不起来，一般的成人也未必有这个耐心和技巧。嫂子就对言言说：这个你玩得了吗？拼起来好难的，咱们换个别的好不好？言言大概对于拼装的难度不太有概念，没听进去，依然坚持要买。嫂子正要继续和言言理论，我说，我答应过今天言言买什么都可以，请尊重我的承诺。

买好了玩具，言言拉着我们的手高高兴兴地往回走。我对嫂子说：这个拼装玩具，言言不会玩，我们就和她一起玩，可能会有点困难，假如克服了这些困难，那会有很大的成就感，这对言言的动手能力和空间思维是很好的锻炼。嫂子说：我就怕玩不成，或者她感觉太难就不玩了，那不就浪费了嘛。我说：不浪费。玩不成很正常，言言会借此知道有些玩具是玩不成的，这就增加了她对自己能力的认知，下次她再选玩具一定会考虑这个因素了，这本身就是收获。

在我眼里，"我选错"比"总对，但我不能选"好得多。或许有的父母会说："要是那个错误的代价不能承受呢？"我的理解是：其一，你那个"不能承受"的底线在哪里，如果你内心紧张的话，很可能你的底线过高；其二，你不要轻视孩子选择的能力，如果你一直不给孩子选择的机会，孩子选择的能力就会非常弱。如果你从小不许孩子自己做主，结果他长大了恋爱的时候非要选某个人，因为他不希望连这样的事也由你来做主，尽管你的道理很硬，但是再硬也硬不过他要自己做主的渴望，所以他不会听，不是因为你说得不对而只是因为那是你说的，很可能他就因为这一个错误而痛苦好多年；相反，如果你从小让孩子自己选择，他就不会逆反，不会捍卫自主到用力过猛听不进别人的意见，也正因为他从来都是自己选择，所以他更了解自己，更不易犯错。而且，如果一个小孩子从小就为自己选择，他的选择和他年龄是相配的，又有多少的错真的不能承受呢？

所以，我倡导的亲子关系是这样的，父母应该对孩子发出这样的声音：

不是可不可以的问题，永远不是，因为你的自主权是天定的，问题只在于：这是你想要的吗？这是你觉得适合的吗？我会支持你做所有你想做的选择，就算我不觉得好，只要你自己想清楚了，做了决定，我也支持。我相信你的选择一定有你的理由，我相信你会选择对你好的，可能你会因为经验不够犯错，但这不是问题，你会从中学习，这就是人学习的必然方式之一，我相信你会越来越了解自己，越来越能为自己做出好的选择。

当我们不能满足孩子时

假如你开一辆奥拓去幼儿园接孩子，孩子说："爸爸，我想你也像童童的爸爸那样开一辆路虎来接我。"你会怎么回应呢？

我会说：对不起，我不能，而且对我来说开奥拓来接你感觉也不错，你愿意接纳我吗？

我不认为这是唯一的好的回答，我之所以这样回答是出于这样的考虑：其一，我们注定不能满足孩子的时候，我希望简单而明确地告诉孩子"对不起，我不能"，"对不起"不是道歉和内疚，而是顾及，父母并没有义务和可能来满足孩子的所有需要；其二，我期待但不要求孩子接纳我，接纳不接纳是他的权利和选择，如果他不接纳，我也接纳他的不接纳，重要的是我首先接纳了我自己不能满足孩子，按我的经验判断，这种情况下孩子几乎是百分之百选择接纳的；其三，孩子的这个问话有一点"攀比"和"功利"的色彩，我并不想这个时候给他讲道理，我讨厌给孩子讲道理，我相信孩子会从我的行为、态度中感受和学习，我可以享受较低水平的物质生活，我爱我自己，不羡慕妒忌别人，我富有兴味地享受自己的生活，就不害怕孩子被社会上的"虚荣攀比"冲击。

当我们不能满足孩子时，我们仍然可以尊重孩子。我知道，同样是不能满足，不同的回应其结果也大相径庭。

我的一个萨提亚同学给我讲过一个关于裙子的故事。那时，她大概十来岁，特别想拥有一条小裙子，她对妈妈说只要有了这条裙子，她可以一年不要新衣服。妈妈说，一个女孩子穿什么裙子呀！（这话现在看来好奇怪）或许是她觉出妈妈的隐含担忧，她说：那我只在家里穿行不行？妈妈说：穿什么穿，没钱！可是说没钱呢，妈妈又给她买其他的新衣服。如果你是这个十来岁的小女孩，你会有什么感受呢？

这位同学告诉我，她从此再不关注穿戴，她今年四十多岁了，从来没有一次感到过自己作为女性穿衣服的漂亮。而且，从此以后，她不再向妈妈提要求，她觉得妈妈根本不会顾及她，根本不会重视她的声音。

其实，我自己的故事也不比这位同学轻松。

我小时候，爸爸常年不在家，妈妈一个人带着我们兄弟俩过农村的日子，那时候的农村比现在要苦累很多，妈妈自然很不容易，更重要的是她的无力感和匮乏感，她不是享受而是承受她的生活。

有一次，一个要好的同学来找我玩，我跟妈妈说想去玩。妈妈说："唉，咱不能和人家比呀，人家家里有人干活，咱不行呀。"又一次，我在街上看到别人家的小孩吃油条好羡慕，回家跟妈妈说，妈妈的回答是："唉，咱不能和人家比呀，人家条件多好呀。"

多年以后，我发现这句"唉，咱不能和人家比呀"无形中给我带来很多的自我贬抑。"咱不能和人家比"比"咱比不上人家"还要糟，因为"比不上"只是"不如"，还能比，而"咱不能和人家比"是根本不能比，不在一个层面上，连比的资格都没有。

让我说得细一点。当一个孩子一次次地向母亲提出要求，而母亲用"咱不能和别人比"来答复的时候，孩子出于自我保护会自然吸收母亲的这个态度。因为每一次被拒都是痛的，你越是想要，那个拒绝就越痛，那完全可以看作是以头碰壁。孩子怎样来面对这个痛呢？怎样避免这个痛呢？只能是放下期待，因为如果"你期待""你要"你就又会碰壁，多次重复后，孩子会认为不是妈妈的态度有问题而是自己的期待有问题。那么怎么放下期待呢？幼小的孩子就会接受妈妈这种"咱不能和人家比"，这样就能解释通了，就不会痛了。小孩子基本上不会从妈妈的回答不好这个角度来讲，因为对孩子来讲，他认为自己有问题比认为父母有问题更让他觉得安全。

问题在于，孩子会因此觉得"己不如人"，这个代价太大了。我发现过往的岁月中，很多很多的时候我都会想："唉，咱跟人家不能比，人家家庭条件好，人家父母有权有钱做事有底气，人家在清华大学毕业的起点高……"屡屡处于那种无力感和低自尊的感受中，无形中就看低了自己，从而忽视了自己的资源，错失自己本有的美好可能。

我并不认为当时妈妈真的买不起几根油条，也不认为妈妈让我出去玩会耽误多少活儿。我现在觉得当时是妈妈没有心情和意识来重视我这些"想要"。和我相比，妈妈的自我价值感更低，她觉得自己更加不重要，更不懂得珍爱自己，她幼年受到的重视更少。在她幼年那个嫂子当家的家庭里，她不觉得自己有权利要求什么，她不觉得自己有机会能把握自己的命运，她几乎一辈子都在听人家的，她没有机会接触自己的力量，没有机会感受自己的需要是重要的，也就没有能力向她的小儿子——我——给出重视。我相信妈妈是爱我的，但一个妈妈爱孩子的能力是透过她的信念系统和人格来呈现的，当她自己处在低自我价值感和局限的状态中，她给出的支持也是低电量的。

记得有一年到了生日那天，一直干活儿干到很晚，我很懊恼地对妈妈说："今天是我生日，怎么连碗面条也没有？"妈妈说："唉，活儿还干不过来，还生日呢。"

结果我就不再重视生日，我就觉得生日不算什么，甚至经常忘记。后来我了解到母亲从来没庆祝过自己的生日。当我觉察到这些以后，我决定自己重视自己，去年我过生日的时候，我主动告诉我看重的朋友，告诉他们今天是我的生日，我想得到祝福，我约了好朋友一起共进晚餐，其中一个朋友还专门买了红酒和蛋糕从老远赶过来。我很感谢他们，也很高兴自己开始重视自己。今年春节过后，我也专门在家多待了几天，给妈妈过生日，虽然妈妈有点不习惯，但我猜她会因为被我重视而开心。

无论能不能满足孩子，我们都可以表达对孩子意愿或需要的重视。

我希望父母无论通过语言还是行为，向孩子传达一个声音：孩子，只要我能满足的我都会满足你，有些即便有困难，我也愿意费一点力气来满足你，有些不能马上满足你，但慢慢就能。

即便我们真的不能，无论是客观上不能还是主观上不能，我们也依然可以让孩子感到自己被重视。哪怕是我们并不认同孩子的意愿，那本身也不是问题，我们还是可以坦诚地说自己不能并尊重孩子有这样的意愿。比如汪峰的父亲是海政歌舞团的长号演员，他看不惯上大学的儿子做摇滚乐，这本身没有问题，他可以对儿子说："对不起儿子，我超脱不了自己的观念，不能支持你，但我尊重你。"而不是勃然大怒打儿子耳光，并吼一声："你要是一意孤行，我就不认你这个儿子！"

　　简而言之，即便我们不能满足孩子具体的需要，但我们能看到并重视孩子的需要，并给出坦诚的回应，这就够了。此刻我想到《神雕侠侣》中小龙女跳入断肠崖，十六年生死不明，杨过日思夜想，郭襄得知后就为他们早日团聚祈福，不是做做表面样子，而是真心祈福。杨过和小龙女就特别感念郭襄的祝祷之情。实际上，人们最终渴望的只是爱，因为父母不可能满足孩子所有需求，父母只要付出爱，只要心里真把孩子的愿望当回事就可以了。

重视孩子的主权

我变得更坏了，因为伯父要我更好

我想一个孩子对父母的最大感激莫过于"当初，他们想方设法地帮助我成为我自己"。因为这是符合生命的本性的。每一个生命都有一个属性，就是活出自己、尽可能好地活，无论是植物还是动物或是微生物，只要是生物都有这个属性。所以，当孩子感到父母在"帮助我成为我自己"的时候，那种感激是来自最深处的。

当父母帮助孩子成为自己，这是给，是重要的给，因为人幼小的时候真的仰仗父母很多；当父母去要求孩子按父母的理解和意愿做自己，这是要，无论是出于多么"无可辩驳"的理由，本质上是通过"孩子依赖自己"这个优势来要，假公济私。比如父母没有机会上大学，希望孩子上最好的大学，这本身看起来无可辩驳，难道这不是一件好事吗？我忽然想到我曾帮助过的一个家庭。

妈妈小时候没有机会读大学，因为家里供不起，这造成她很大的遗憾、压抑和自卑。当她有了孩子以后，她"自然"不希望孩子有她的痛，所以从孩子小时候就极重视他的学习。孩子很听话、很聪明，成绩不是一般地好，居然考上了竞争最激烈、升学率最高的人大附中。父母自然高兴得不得了，也引以为豪。

可是开学不久，"麻烦"就来了。孩子变得非常暴躁，动不动就对父母发脾气，公开表明自己不想上学，而且孩子的身体也出现了异常，失眠、掉头发、头痛。妈妈自然担心得不行，几经周折，她带着孩子找到我。

晤谈中，孩子对妈妈的愤怒大到让我惊讶，有一次他突然站起来离开，有一次他很重地对妈妈说"我已经很久不想打人了"。而当我有机会理解他、碰触到他内心的渴望时，他就痛哭，哭到用光纸巾，浑身发抖。

孩子的逻辑是：父母根本就不爱我，他们把我当作一个工具甚至是奴隶，他们所做的一切都是为了让我为他们好好上学，而他们根本不关心我真的想要什么；可是，如果一个人不能为自己的理想而活，那又有什么意义呢？我再也不要为他们上学了！

孩子坚持认为妈妈根本不关心他，并且逼妈妈承认。妈妈很委屈，说：这不都是为你好吗？孩子就怒，说，你就是把我当作一个工具，希望我将来好好地养你！告诉你，我将来挣钱也不养你！妈妈说，我没期望你养我呀，我和你爸爸养得起我们自己。

我对妈妈说：我相信你不是真的要孩子养你，但我也觉得你是在向孩子要。妈妈诧异，说：我要什么？我说：你要成为一个好妈妈，而只有孩子好好上学你才能做到，你通过孩子来当那个"好妈妈"，也通过孩子学习成绩的优异来抚慰自己幼年没有机会上大学的创伤。妈妈愣了一下，然后同意。

后来，我和这位妈妈一起回顾她的童年。当年因为经济原因她不得不上了中专，而她为此非常无奈，她没有办法改变父母和家境，就暗暗决定，自己有了孩子，一定让他上最好的大学。碰触到这个积年的伤痛，妈妈哭了，哭得很伤心、很委屈，儿子在旁边体谅地说：我需要离开吗？妈妈说不用。妈妈哭着说：是，我这么害怕儿子不上学，这么期盼孩子上好学是因为我自己。

从心理咨询来讲，那是一个转机。当妈妈看到并承认，原来自己"这么努力""这么为孩子好"是为了慰偿自己内心的伤痛，自己真的是在通过孩子来做"好妈妈";当儿子看到妈妈并非利用他养老、并非故意不承认是为她自己,而只是因为妈妈也是无意识,看到妈妈有那么大的痛,看到妈妈的脆弱,儿子原谅了妈妈,和妈妈重新连接了。后来的情况很好,儿子愿意上学了,成绩很好,不仅不对妈妈发脾气,还会关心妈妈了。

这件事给我很大的触动。上学并不是坏事,但是那个动力决定了上学的性质。如果我为自己上学,那就是一件非常好的事情;如果我并没有感到这是我选择的,而是被父母安排的,是不允许拒绝的,而且父母千方百计让我上学、期待我学习好,那我就感觉是为了父母,而不是自己选择了,不自主了。人的本性是渴望自主的,你的东西再好也不能强加给我。因为我是被安排、被强加、被强迫的,并且你们是打着"为我好"的名义,那我就非常愤怒,事情已经不是上学不上学的问题,而是我有没有自由的问题,我有没有被你们关心和尊重的问题。上学好比是美丽的晚宴,而假如不允许拒绝地要求我而不是邀请我参加,再甜美的晚宴也不那么美味了。

你觉得什么是好的,你告诉我,这是一个善意的分享,我会喜欢并感谢,因为这是"给"我;你觉得什么是好的,就不允许我有异议,不允许我不接受,就非要按你的以为来安排我,如果我不同意你就骂我、冷落我甚至变相用不支持来报复我,我就来气了,我感到不自由、不自主,感到被侵犯,那么,你是"给"我,还是通过"给"来"要"呢?

这位妈妈通过孩子学习好来慰偿自己当初不能上学的无助和失落,有的父母是通过孩子来维系自己的体面(如嫌孩子某种表现丢脸),有的父母是通过孩子走自己安排的路来获得安心,有的父母是通过孩子好来确认自己够好、有价值。当然最陈旧的是我爷爷的想法,他觉得他生养了我爸爸,我爸爸连人都是他的,他对我爸爸有永远的、完全的权利。

贝多芬是音乐巨匠,可是谁会想到,他理所当然地催逼自己的侄子上进时,他侄子的那声呐喊震耳欲聋:我变得更坏了,因为伯父要我更好!

此刻,你去观察一下,无论对孩子,还是对自己,还是对他人,你是在"给"还是在"要"?我相信,"给"总比"要"愉快。

看部电影先

想象自己身处一家电影院的放映厅里，观众席上只有你一个人，整个房间就只有你一个人，没有任何的外界打扰，你很轻松地坐着，心情平静，电影很快就开始了。

在突然变亮的银幕上，出现了一个小孩子，他很可爱，兴致勃勃地探索一切，无意中他把手伸到了他的阴部，当他去触碰那部分身体的时候，他看起来愉悦，然后他继续触碰它，那种感觉非常特别……

这时候妈妈走进来了，她很惊慌地拿开孩子的手，说："不，宝宝，不，好孩子不会摸这里，不要摸这里，去玩别的吧，不要摸这里，好孩子不摸这里。"那个小小孩看着妈妈一脸困惑，他不知道为什么，但是他听了妈妈的，因为他觉得自己那么小，妈妈说的应该是对的，妈妈那么爱我，一定不会骗我，尽管他始终不知道为什么，但他就真的不再去触碰自己那里，因为他不想做坏孩子。

银幕再次进入黑暗。

亮光再起时，你看到一个蹦蹦跳跳的小孩子，她非常开心，然后非常高兴地去跟爸爸分享她在学校的趣事，她跑到爸爸身边，非常兴奋……

可是，此时的爸爸正一脸愁容，或许他刚在生活中受到了什么打击，他觉得生命不够美好，他非常委屈，非常愤怒，这时候孩子跑过来的时候，他觉得非常烦，脱口而出：有什么事值得这么高兴，整天傻笑什么！别烦我！

小女孩被吓呆了，她不知道为什么，看样子她也不能问，她就把她的高兴吞回去，好像自己做错了什么，好像人不应该那么肆意地高兴，而如果别人不高兴，自己的高兴就很可能是危险的，会不会是自己惹得爸爸不高兴呢？……小女孩非常懵懂，眼里噙着眼泪，从爸爸身边退开。

银幕变暗，亮光再起。

你看到银幕上有一个很小的、离你很远的小男孩在那儿大哭，因为哭声离你很远，也比较小，镜头带领你越来越近，声音越来越大，没有人知道这个孩子为什么哭，也许他受了委屈，也许他受了欺负，也许他盼了好久的玩具或者他盼了好久的愿望泡汤了，没有解释，也许生活出现了什么变化、出现了什么打击，他可能害怕，总之他在哭，非常伤心地哭，仿佛有好多悲伤、好多不平、好多害怕需要释放……

这时，一双大人的腿走过来，一个声音被高高地抛下："哭哭哭！就知道哭，你不知道哭多晦气，你就这么爱哭吗？哭是软弱的表现，你知道不知道，再哭不要你了！"

这个声音很长，风暴一样，中止了孩子的哭声，孩子不再痛哭，而是胸腔一起一伏，他极力忍住哭声，他觉得自己就不该哭，是自己太不好了，大人才会对自己这样。

银幕变暗，亮光又起。

这一幕，你看到的都是细碎的画面，而且它的节奏比之前快得多。

你看到一个孩子在床上安睡，突然被妈妈拉起："快点，快起床，不然就来不及了，快点穿衣服，穿鞋，刷牙，吃早餐，否则我们就迟到了！"

你看到，晚餐后客厅里，孩子非常着迷地看电视，因为正在播着他最喜欢的动画片，可是一个大人走过来抓住他，推着他："去去去，快去做作业，现在是做作业的时间了，你应该先做作业。"

小孩子说："不，就一会儿，十分钟就好……"

"十分钟也不行，你要养成好习惯，你根本就不应该在这个时间看电视！"

孩子被推进一个房间，门"砰"的一声被关上。

画面一转，你又看到银幕上，一个妈妈骑着自行车，驮着自己的儿子，好像是在匆匆地赶路。

儿子看起来已经很累了，也不知道这是他一天之内赶的第几场，妈妈的声音从前面传来："儿子，我这是为你好，你知道吗，你只有这样努力才能成功，你只有成功才能过上好日子，爸爸妈妈过的日子你已经看到了，你要争气，你要为我们争光，你上这些辅导班要花好多钱，都是我省吃俭用攒下来的，你一定要坚持住，你可不能对不起我们，你要非常努力，知道吗……"

自行车随着声音的变小渐行渐远。

画面再次开始，你看到一盏亮着的台灯，靠窗的桌子上，女儿正非常兴奋地在网上聊天，脸上带着微笑，很快地打字，打完又笑……忽然一个很大的声音传来："跟谁聊天呢？"

伴随着声音，妈妈忽然就站在了女儿身后，女儿吓了一跳，说："你进我的房间为什么不敲门？"妈妈说："我为什么要敲门，你是我女儿，难道你还有什么事情背着我吗？"

画面一转，还是那个房间，女儿非常愤怒地对妈妈说："你为什么把我的事告诉老师？你为什么偷看我的日记？你为什么看我的信？你有什么权利这样做？"

妈妈的声音更高："因为我是你妈妈！因为我这是对你好！你现在不懂我，长大就知道了，我不管你，谁管你……"

女儿恼羞成怒，说："滚！我不要你这样的妈妈！"妈妈听完暴怒，一个非常响亮的耳光甩上去："你敢这样对你妈妈，你居然这样对你妈妈……"

女儿被打回床上，呜呜地哭着："我不要做你的女儿，我不要做你的女儿……"妈妈在那里不断地吼着。妈妈声音很大很急，但是我们听起来就像噪声一样，什么也听不清，然后银幕变暗、变黑了。

更大更深的童年

这样的电影画面，我们可以继续看下去，它是无穷尽的，当我在描述这些画面的时候，可能你的内心也有你的画面，可能你的画面比我的更生动、更特别。其实，具体的画面不重要，每个人都是从孩子长大的，重要的是孩子内心的感受和体验。

很显然，一个孩子在家庭生活里，他的主权被司空见惯地剥夺或损伤，他对身体没有主权，他对自己的性不能自由自然，为做一个"好人"而压抑甚至否认自己的性欲，要尽量少地接触性，不仅仅是性，包括他什么时候吃饭，什么时候休息，该穿什么样的衣服，该留什么样的发型，这些原本都是一个人的主权，但是我们经常听到有父母对孩子说：我们家的孩子不许这样！

这样的话好难反驳，对一个孩子来讲好难反驳，可问题是我能不能是一个人呢？我能不能是一个独立的人、自由的人，而不是作为你们家的孩子，符合你们家的标准？

这是关于身体的。关于感受的同样多。很多孩子不能自由地哭，我妈妈现在还不能够接受他孙子哭，尽管她那么爱她的孙子，因为她认为那是晦气，是有一个诅咒，或者还会觉得孩子哭是因为自己没照顾好。我爸爸不允许我怒，不允许我生气。实际上我发现我们家族也不允许害怕，他们把害怕看作是懦弱而可耻的。因为我发现有些东西是谁都怕的，别人就觉得理应如此，而我对某些事害怕，就耿耿于怀，感到羞耻。总之，我们的感受也不是自由的，有很多的限制、批判和担心。

还有很重要的就是认知的主权的缺失。很多父母依然把孩子看成一张白纸而不是一颗种子，他们"天经地义"地做着孩子的导师，告诉孩子什么是好的，什么是坏的，什么是对的，什么是错的，什么是应该的，什么是不应该的，做男孩子应该怎样，做女孩子应该怎样，做一个孩子应该怎样。

我们作为孩子是一个被动的"意义接收者"，而不是一个"意义赋予者"，父母虽然教导我们这些意义，可这些意义也不是他们主动赋予的，他也是承袭了别人，承袭了环境的刺激，他们未曾充分感受自己认知的主权，因此也限制我们自由思想。生活就像一堂语文课，"这段话说明了什么"是被定义好的，我们只被要求接收，而不被允许出于自己的感知赋予。每一件事情几乎都是这样，我们被告知该怎样生活，我们被告知自己是谁，如同棋子，走着别人画的印儿，连走法都是别人规定好的。

然后，孩子没有自由表达的主权，没有自主尝试的主权，没有生活空间的主权。恋爱绝对是一个人的私事，人际关系绝对是一个人的私事，但是父母就天经地义地去干涉，完全没有界限。

好在，每一代人的出生都是对世界的更新，现在的孩子越来越能为自己讲话。我一个朋友的小孩，她奶奶拆了她的信，虽然那个信也没有什么明确的恋爱迹象，但是也有一些你等我呀之类的话，她奶奶就非常焦虑。这个孙女讲的第一句话就是："奶奶，我希望你向我道歉，因为信是我的私人物品，你没有经过我允许就打开了。"奶奶说："你怎么能跟我们这样讲话，你看你，你住在我们身边，我们对你这么多照顾，什么都紧着你……"孩子说："奶奶，如果你不喜欢我住在你身边，我可以住在父母家，我到你身边是你邀请我来的，如果那些好吃的你给我，你不开心，那么你可以不给，我也可以不吃，那不能成为你拆我信的理由。我也不认为你对我好，我就应该完全听你的。"奶奶无言以对。

最后我要说一点，就是这看似是一个孩子和父母双方的问题，其实不存在双方，这是每个人内心的问题，我们每个人内在都存在生命和社会的两个因素，因为我们的本质是生命，但是我们身在社会中，两个因素是完全不同的动力。而父母和孩子的冲突，其实是社会化的生命和纯真的生命之间的冲突，是社会和生命的冲突，父母对孩子的不信任，就是社会对生命的否认。我们想要的成功，不过是符合某种社会标准，我们想要的幸福，其实就是和我们自己的生命连接。它们经常冲突，但非必然冲突，我们可以在社会中出于生命而活，觉知到生命的人不一定脱离世俗生活，但他们的品质不一样，他们没有担忧、没有抱怨、没有匮乏感，他们享受生活而不谋求生活。

每个人内在都有一对父母和小孩，我们的小孩就是非常自由自在的，他代表我们生命的本性，他非常渴望自由自在，他渴望爱，渴望创造，渴望尝试，渴望快乐，然后另一方面，我们有内化的父母，就是那些约束的、催促的和批判的声音，我们就叫它内在父母，所以那个冲突也是我们内在的，我们会担心自己，我们会觉得自己那样会不会不好，会限制自己，会催促自己。

所以我们刚才谈的那些画面，它并不是一定需要两个演员来扮演，我们自己常身兼双职，我们和孩子的互动和关系，一一对应着我们和自己的关系，我们的内在父母和内在小孩的关系。

父母自视权威，贬损孩子的自尊

通常，父母大部分的做法都基于一个信念：他们认为自己是权威。他们认为自己比孩子懂，自己比孩子知道得多，认为自己比孩子有能力，他们在为孩子付出，为孩子负责，这都是他们自视权威的表现。

对我来说，这是非常可笑的，比如孩子进入青春期，他开始谈恋爱，开始对异性感兴趣，而这个时候父母有的禁止，有的介绍自己的经验，但问题是你自己的亲密关系，处理得好吗？是的，你谈过恋爱，你多活了几岁，可是你并不明白爱情，在你的婚姻当中并未感觉到幸福，你拿什么教，你有什么资格教？你不如老老实实地讲一句"我是有一些经历，但我现在也不太懂，我说的只是我认为的，你不必太相信我，请相信你自己，请你自己去探索"，这是非常基本的诚实。但是可能是文化传承的关系，父母把自己看作权威的特别多，而且根深蒂固。

当父母把自己看作权威的时候，他会无形中让孩子产生非常不好的自我感觉，形成某种低微的自我概念。孩子在自己的生活中，在和父母的互动当中，他会感觉到自己是被动的，自己是弱小的，自己是匮乏的。这三个自我形象都是非常压抑自尊的，请允许我说一句重话：孩子整个人生的发展都是基于他最深处的自我概念。当然，这是可以改变的，但要想改变，必须先看到。

先说被动吧，就是我的生活我说了不算，几乎所有事情我都说了不算，我都没有办法，我没办法做我自己，这些感受和信念又会创造他的人生境况。你看我们身边的大人，他们同样感到自己是被动的，只不过被动的对象不同，但是那个感受和经验是一模一样的：没办法，我有这样的老公我怎么办呢；没办法，我不上这个班，那我怎么活呢；没办法，我有孩子了我怎么办；没办法，我小时候父母那样对我，我没有被好好地对待过，那我不懂得爱自己，没有人教过我，所以我就不懂得，我没办法。

所以绝大部分人都是因为童年产生了那个自我形象，被动地生活着，没有什么比这更遗憾的了。因为被动，你是受者，所以你不需要负责，所以你可以去指责，所以你可以去抱怨，因为你是被动的呀。但生命的真相是，我们自己是生活的主人，我们所有的境遇都是自己创造出来的，一个深信自己不值得被爱、不相信自己有价值的人，在生活中尤其是亲密关系当中，就总遇到不爱他的人、不重视他的人、忽略他的人。一个认为自己不重要的人，他在各种情境当中，他就不去表达自己，不去尊重自己的意愿说"是"或者说"不"，然后别人看到他这样，就以为他什么都可以，所以也就替他做决定，他又再次感到自己不被尊重，再次感到自己不重要。

父母总希望孩子能为自己负责，有责任感，但是你要想孩子有责任感，能为自己负责的话，你得让他说了算，为自己负责包含两部分：第一，我说了算；第二，结果我认，无论是什么结果，那是我的选择，我承担。很多情况下，人们重视的是后面，你要承担你的结果，但是不允许人家说了算。可是你不允许人家选，你怎么让人家负责呢？每个人只能为自己的选择负责。如果把人的一生作为一个故事的话，那么这个故事的根源就在于他小时候没有体验到自己说了算，不懂得自己怎么选，不懂得自己可以选，也看不到其实自己是无形中做了选择的。

什么叫无形中做了选择呢？就是说无形中把主权交给了别人，主权是不会失去的，主权不存在失去，也不需要捍卫，它只需要使用，但是很多情况是父母没有给孩子体验自己主权的机会，孩子就不知道自己有主权。别人代他做决定，他同意了，这实际上就是无形当中把主权交给了别人。

我们再来说弱小。权威的其中一个含义就是强大，如果父母自视为权威，他就必然自视自己比孩子强大，他视自己为强大，那么必然视孩子为弱小，必然视孩子为无力，从身体的层面来讲是这样的，这很明显，但是生命不是身体，生命本质是心灵。有一部电影叫《屋顶上的童年时光》，非常难得地阐释了这部分，因为在那里面呢，你就会感到大人们原来是这么慌张、这么脆弱，而孩子是那么沉着，并且把什么事情看得都明白，到最后是儿子来安慰爸爸，爸爸在儿子怀里痛哭……爸爸开始还当爸爸，装得若无其事，结果很快在孩子怀里痛哭。如果你有意了解这部分，这部电影是个很不错的选择。

孩子和我们本质上是平等的，在心灵上是同等的，他一点都不比我们笨，父母关系不好了要离婚，怕孩子知道了伤心，瞒着孩子，其实孩子早就知道。父母不当着孩子的面吵架，怕孩子受影响，可是孩子早就知道你们关系不好，早都知道你们彼此之间不相爱了，因为孩子的社会化程度低，他不受这些观念的束缚，他的直觉特别敏锐，而且孩子感受事物，经常比父母更清澈。

　　我有一个朋友，她学心理成长，花了好多工夫。有一天她的父母吵架了，在客厅里吵得很凶，然后她就在自己房间里想：我应该怎么办呢？我怎么说比较好？她就在那儿想。这时，她四岁的女儿说"我得出去管管"。然后她就走出房间，对外公说"姥爷，请你到你的房间待上十分钟"，转身又对外婆说"姥姥，也请你到你的房间待上十分钟"，而两个吵得不可开交的老人，当看到孩子这样的时候，居然真的听了，过了十分钟之后，大家冷静地想想就不吵了。你会发现，孩子其实很有智慧的，虽然有的时候是童言稚语（因她缺乏知识），我们大人还把孩子那种话当成段子来笑，可是人家孩子有的时候说的话非常有智慧，也非常朴素直接，比我们大人们绕来绕去说不清楚要好太多了。

　　事实上，父母能够灌输给孩子的，也不过是他自己曾经被灌输的，未必是他真正理解的。爸爸有外遇了，妈妈生气，儿子来问爸爸："爸爸，你怎么惹妈妈了？"爸爸说："你太小了，说了你也不懂。"儿子说："你现在这么大了，那你懂吗？"爸爸无言以对。

　　第三个影响，就是匮乏感，自我价值的匮乏感。

　　在父母的权威下，小孩子很深的感觉是：别人不需要我，但我需要别人，所以别人有价值，我没价值。这是一个孩子人生之初最大也最普遍的一个误会。

　　很少有孩子有机会听到："孩子，谢谢你的存在，有你，我非常高兴，我非常享受能够照顾你，你带给我很多的快乐和满足。"尽管这是真相。

　　传统的父母通常讲的是："我都是为了你，你看我为你付出这么多，我为了你都不离婚，我为了你都不改嫁，为了你省吃俭用，你不能对不起我。"所以，孩子感到被别人需要才有价值，需要别人没价值。需要别人是难堪的，怕人家拒绝，而不敢说；人家答应了，又觉得欠了人家，怕自己还不起。需要别人成为我们的脆弱，当我们表达需要的时候就成为脆弱的人。因此，后来的人生中充满了求的心态，比如求职、求爱，求爱还要单腿跪地。当我们需要别人的时候，我们常自感卑微，我们很难感到别人也需要我们，我们其实也是在贡献。所以，年轻人总卑微地渴求一个机会一个平台，很少有人知道自己也在为那个平台贡献。当初大名鼎鼎的姜文拍处女作《阳光灿烂的日子》

海选演员，夏雨还是一个默默无闻的中学生，全世界都觉得姜文给了夏雨神一般的机会。可是，没有夏雨，这部电影也不会这么精彩，整部电影获得的最高奖项也是"最佳男主角奖"，姜文给了夏雨神一般的机会没错，可是，别忘了，夏雨也给了姜文神一般的机会。

　　实际上给和受是同一回事，给可以是爱，受也可以是爱，它们都是一体的。但是那个误解影响非常大，就是人们觉得自己需要别人，自己不够好，要让别人需要我，要为别人做。其实父母这样讲的时候也是因为他们的自我价值感缺乏。所以当一个孩子长大之后，他就总用他能为别人做什么来确认自己的价值，他什么都不做，他就感觉不到自己的价值，别人特别需要他，他就能感到自己的价值，别人不需要他，他就感受不到自己的价值。感到自己没用，那太痛苦了，人们为了让别人需要他，有时候会去削弱别人的能力。在意识层面他不会这么想，可是潜意识里面，他害怕对方离开，害怕对方不需要他。父母对孩子常这样，夫妻之间也常这样，一方强，另一方弱，然后强的就一直批判弱的，然后就告诉他"没有我你行吗，还不都是因为我"，这些都是自我价值感匮乏惹的祸。

　　当一个人感受不到自己的原本价值时，他就会通过各种方式去证明自己的价值，这包括我们刚才说的"为别人做，让别人需要我们"。还有另外一个非常常见的方式，就是我成为一个什么角色：我是一个老板，我是一个大款，我是一个领导，我是一个美女，我是一个作家，我有成就——我有名声，我有地位，我有权力，用这样的方式证明自己的价值。因为感受不到自己的价值是非常可怕的，没有人能够长时间忍受那种感觉，所以就有两条路，一条路就是拼命用外在的东西来填充自我价值感的匮乏，还有一种就是感受自己本来存在的价值，然后自然地呈现自己。没有呈现自己也有价值，一杯水没有人喝，它也是水。一旦感受不到自己本来存在的价值，他会用尽方法来从外在证明自己的价值：母以子为贵，"我不行，但是我孩子行"；妻以夫为荣，"我是谁谁谁的太太"……用关系，用成就，用"我是一个什么"的社会身份，用我拥有什么财产、权力等，其中都是社会某种价值观的认可。

　　而社会是不承认生命本身的价值的，社会的价值观常和生命的价值观背道而驰，社会的价值观除非表现出来，否则不算数；生命的价值观重要的是你的存在，不是你的表现，你的表现只是一时的状态，你的整个存在比你的表现要大很多很多。有一个我自己非常讨厌却很普遍的观点：孩子什么都不是。可是，这种对孩子的轻蔑，就是对生命本身的轻蔑，你感受不到一个孩子的价值，就是感受不到我们每个人本来存在于自己内心深处的价值。

因为从身体的意义上讲，从社会的意义上讲，我们作为一个孩子，和作为一个成年人，区别是非常大的；但是从生命的意义上讲，从心灵的意义上讲，我们作为孩子降生的那一刻，一直到长大成人，那个心灵的部分既没有增加，也没有减少，始终是无限的。当我们逢迎每一个社会价值观的时候，比如我们拍一部电影，我会想：我拍了有人看吗？别人会怎么看？这是逢迎社会，通过别人的认可来感受到自己的价值，这其实是忽略和轻视自己的。出于生命本来的创造是什么呢？我有一个感受要表达出来，我有一个理解要表达出来，我看到一些东西、感到一个东西，我要说出来，别人怎么看，那是别人的事，我不干涉，但是这是我要做的。而当这样做的时候，拍出来的电影常是一个经典的作品，它可能畅销，也可能不畅销，但它是非常有价值的，因为它出自生命的体验，故而有生命力。

李安讲过一句话："我们拍电影是要给人家看的（我们提供一个东西让人家可以看到），而不是看人家的（不是看人家喜欢什么就去拍什么）。"当我们感受不到自己本来的存在价值的时候，自然没有办法相信自己；我们只能相信社会，那么自然会逢迎社会了。大量的追风，大量的模仿，大量的炒作，这都是一时的热闹，都没什么生命力，而真正有生命力的作品是出于自己的感受，表达自己的感受和理解。无论哪行哪业，任何真正有成就的、真正有生命力的，都是后者。

所以没有人是没有价值的，只有感受不到自己价值的人。没有人是匮乏的，生命本身是无限富足的，生命本身含有无限的可塑性、无限的智慧和最纯然的爱，还有无尽的创造。它本身就是富足的，但是人可以因为自我概念的限制而感受不到它，人可以不看生命本身就有的神圣属性，而出于某种社会的评判，把自己当作一个局限的、匮乏的、卑微的人，而感觉自己不够好、自己不重要、自己没能力甚至一无所有。然后出于匮乏去谋求，而不是出于富足去贡献；出于不自信去逢迎，而不是出于爱和信心去创造和改变。即便他们看到有人活出了生命的可能性，出于爱、贡献和创造的可能性，他们也会说，这世界上有几个乔布斯呀，有几个韩寒呀，咱就一草根，别做梦了。产生这种想法的根本原因就是他在亲子关系中感受不到自己存在的价值，他去谋求别人赋予的价值，而没有机会感受到自己存在的价值。

Q 问答录 A

如何教孩子又不让孩子感觉自己不好

Q: 我怎么才能教会儿子知识并且还能让他感觉到自己很好呢? 我肯定要纠错啊, 纠错他就感觉我说他不好, 怎么办? 他自己要求我给他讲题的。

A: 要像给中央领导讲题的科学家一样给孩子讲, 当你对孩子有了充分的尊重, 纠错就只是提醒, 而不是批判。对孩子要有彻底的平等心, 我们只是比孩子早学几年而已, 孩子可是什么都不比我们差。另外, 或许你可以觉察一下, 当你犯错误的时候, 希望被批评吗, 还是只修正就好? 我们对孩子的态度和对自己的态度基本是相同的, 我们对孩子的担心, 也仅仅是自己的恐惧而已。从孩子主动要求你给他讲题来看, 孩子并没有反感或者害怕你, 你也尽可以更放松些。

如何化解"不配得"感

Q: 我的自我价值感特别低, 有很强的不配得感, 好痛苦, 请问如何化解?

A: 我和你一样因此痛苦过, 这痛苦是我们自己造成的。

当我们把自己投射到这个世界的时候, 我们有两条基本线索: 其一, 我们作为一个人要在世界上活下去; 其二, 爱是有条件的。这两者结合, 便注定受苦, 自我价值感低之苦只是其中之一。

在这两条线索之下, 所有人都受低自尊之苦(低自我价值感), 非你我所独有, 因为永远有某个比较的相对性存在, 总有某个爱的条件存在。

世界暗示人, 我们缺爱, 要去寻找爱; 真相则是你就是爱, 而世界也是爱。谋求是自认匮乏后的一种表现, 当你想要谋求什么, 你必然相信自己缺乏它, 然而, 你无须如此。你完全可以相信你是全然被爱的, 你完全不必忧虑任何事, 你完全可以相信眼前的和还不能眼见的事都会被妥妥地照顾, 你是被深深地祝福和爱护的, 除了你自己投射的恐惧, 都是你任何所在中本有的平安。

要点是，你相信自己是被爱的，不再沉浸于为自己操心，你只需要考虑如何在你所在的情境中去爱。具体是什么样的情境不重要，你是国家总统还是清洁工并没有本质不同，都是只需要考虑在具体的条件下如何利于他人或全体。如果你没有工作也没关系，如果你只是一个学生也没关系，即便你是一位抑郁症患者也没有关系，你总有自己的情境，你总是可以献出爱。爱是心灵层面的，并没有大小之分，只要真的是爱，它的作用就是无限的，即便不是马上显现。每个人有献不完的爱，越是献出爱，越会感到自己拥有更多，越会感到自己被他人和世界所爱。

"自我价值感"本身就是一个陷阱，它就是"我匮乏"和"爱是有条件的"这对幻觉所生下的孩子。如果我不匮乏，如果我一无所需，便不存在自我价值感的问题，不存在不配得的感受；如果爱是无条件的，也不会出现价值感的念头，不会出现对自己和他人的衡量。爱本身就是无条件的，有条件的都不是爱，或者都不是全然的爱，在爱自己的时候出现"我配吗"，在爱别人的时候出现"凭什么"，都是"有条件之爱"的具体呈现。

所以，脱离"低自尊、不配得"的方式就是离开它，直接换一种思路和眼光看人看己，简而言之，就是一方面相信自己是被爱的，故而无须操心谋求；另一方面，无条件地给出爱。

我知道这非常挑战我们接受的教育，和我们已经潜移默化的自我认同，但我确信上面所说的。让我们同行共勉，给自己一些耐心和勇气吧。

如何与人连接

Q: 孟迁，我最近在和爸爸和老公的关系中充满纠结和困惑，都有点不敢见他们，我该怎么和这些观念很不同、关系又很近的家人连接呢？

A: 亲爱的，要诚实，如果你该说"不"而没说，那么你说的"是"品质就不够、不稳，那些"不"会造反，你和对方就会有隔阂，这隔阂不来自对方，而来自你对自己的隐藏。

诚实需要很大的勇气，即便不能彻底诚实，也要踮着脚尖尽量诚实，因为不诚实的成本实在太高昂了。越是重要的关系越是要诚实，如果关系不重要，那个成本还可以承受，但是重要的关系，不诚实的话成本就太高了，那个成本不是变得坏，而是失去了本有的好。你和LA，和AL，和我，所以舒服所以美好，哪个脱得开诚实？

当你夸张的时候你就不诚实了，当你隐瞒一部分的时候你就不诚实了，当你有努力或者故意的时候就不诚实了，当你取轻避重的时候你就不诚实了，当你该说时却沉默你就不诚实了，当你该点头时摇头、该摇头时点头的时候你就不诚实了，当你该沉淀时却出于迎合表态你就不诚实了……

当你不觉得自己会被接纳的时候你就不敢诚实了，当你不觉得自己重要的时候你就无意诚实了，当你自觉匮乏而处心谋求的时候你就不愿诚实了，当你认为取悦别人大于忠于自己时你就不会诚实了，当你不够独立有赖他人的时候你就不能诚实了……

不诚实就无法做到全心全意，在我们一起参加的工作坊里，我为什么对老师全然感谢呢？因为我完全没有压抑自己，我非常明确地对老师说：请不要教我，我想自己学。请不要操心我、评价我，让我自己观察、体会，在我提问的时候回答我就好。这个沟通很容易被误解，但这就是我想要的，我鼓起勇气非常坚定地表达出来，整个能量场就避免了压抑和纠结。

不诚实就不能脚踏实地，所以上面建立的任何东西都不那么稳，你对一份关系有多踏实完全取决于彼此有多诚实（当然诚实不等于赤裸，我穿着衣服在你面前不代表我隐藏身体，而是不需要光着）。

不诚实就接触不到自己的力量和人与人之间的真爱，从某种意义上讲，我也是"讨好"着长大的，所以我和自己讨好的人没有真正的连接，我曾抱怨他们不真的关心我、接纳我，现在我知道这个责任完全是我的，我当时没有勇气呈现真实的自己，以为那样他们会不喜欢我、"抛弃"我，现在我不会这样了，我在所有新的人际关系里都选择真实，不仅收到相应的顺畅反馈，而且感到日益踏实的被爱和连接。

过去，我们贪图不诚实的"方便""便宜"和"相安无事"，而把自己带入不必要的麻烦。实际上，诚实才是爱，才是连接，才是平安。从暂时的角度来说，它会导致冲突、分离、不安，但随后就慢慢流向爱、连接和平安。我们应该允许有一个重新洗牌的短暂混乱，在那个工作坊里，我的诚实带来和老师的短暂冲突，但那是对我们彼此的贡献，实际上她后来是有调整的，我很尊敬和感谢她的分享和呈现，她也很重视我和爱我。

最后，我想把我最近读到的一段话分享给你：

当你不再隐瞒，没有什么不可告人的隐痛干扰你的心识，也无须为谎言而自圆其说时，你的人际关系就不会塞满难以启齿的苦衷了。于是，你的生活会逐渐归于单纯和清明，因为你已无须隐瞒。

只要你勇于说出你的真实想法和感觉，此刻的你，便能活得清澈透明。因为那样的行为，充分显示了你对兄弟姐妹的完全信任，也表示你不怕别人看出你脆弱的一面，你愿意活得透明。

如果你感到恐惧，就直截了当承认它，那样，恐惧和它底下的内疚就无所遁形了。你心里若还有谴责别人的念头，你可以否认它、隐瞒它，或将它投射到别人身上；但你也可以将它放到台面上，坦然面对它，给自己一个治愈的机会。你若不想继续隐藏内在的批判，就坦诚招认吧！舍此之外，没有其他的途径可行。

接纳自己和他人的有限诚实

Q：　孟迁，如果我诚实，对方不诚实怎么办？另外，我发现自己无法做到完全诚实，我该怎么看自己呢？

A：　我自己诚实，但不介意任何人撒谎。别人撒谎自有他的考虑，或许他没准备好诚实，或许他有什么压力，或许他已经习惯并且正享受着隐瞒、假装，那是他的事，每个理由都值得尊重，如果我是他，我也可能这么做，现在我诚实，是因为我喜欢，我已品尝过诚实的甘饴。

不诚实是可以被原谅的，每个人都或多或少地不诚实，至少曾经不诚实。不诚实本质上是对生命缺乏了解和信任，而去谋求利益、树立形象或者保护自己的安全，所以，它不需要被怪罪。

从个人的心理成长角度讲，我们对诚实的恐惧和对不诚实的习惯都是年深日久的，有时候，我们会习惯和麻木到失察。不诚实是从幼年面对父母时开始的。瞧，父母多么"变态"，他们要我们不讲假话，可他们却经常哄骗我们，他们要我们不讲假话，可是听了真话又不高兴又惩罚我们，然后继续要求我们诚实，他们一方面惩罚我们的诚实，一方面要求我们诚实。所以，每一个孩子都学着看人眼色，错以诚实为危险、麻烦。

对孩子来讲，那个困难是很大的。如果父亲或母亲对女儿说：我这都是为了你好。孩子懂得反驳吗？父母对孩子来讲太强大了，他们不仅有绝对的武力优势，可以限制孩子的自由，还可以给孩子断粮，哪怕仅仅是他们离开、不予理睬，孩子就害怕得不得了。不懂诚实、不敢诚实就是从那个时候开始的。

如果是现在，父亲或母亲对我说"我这都是为你好"，我会说："你为我好很好，但你为什么要我知道？你为什么要强调？你以为我感觉不出谁对我好吗？你是期待我记得你的好，然后听从你，然后也对你好吗？"我会说："我很不喜欢听你这么说，请不要说为了我，诚实一点，说为了你自己。如果我不是你的孩子，你会爱我吗？如果我不符合你的期待，你会爱我吗？你根本不是爱我，你是爱你的孩子罢了，你根本不是爱你的孩子，你是爱你自己罢了。"

如果是现在，我不会为讨好父母而"懂事"，我不会因父母的供给和付出而屈就，我不会给他们那么大权利来"教导"和"要求"我。我会说，你可以打死我，可以不供我，我愿意死，而且不怨你们，但只要我活着，我就作为自己活着，你可以选择怎么对我，但我只会做我想做的。若孩子能如此坚定而明晰地展现自己，父母会来适应孩子，但绝大多数情况下，孩子都没有这样的觉知。像奥修那样对父亲说："如果你不允许我说'不'，那么我说'是'也没有意义。不要试图教导我，那是对我的侮辱，难道我不会自己想吗？你可以打我，但我该享受的都享受了，你没办法夺走。你可以不供我学哲学，但请记住，你再给钱，我不会要。"

所以，我想我们可以宽恕自己吧，为过去的自己流泪，对曾经的自己慈悲，而不是责怪和不接纳当初没把自己照顾好，没为自己说话，对自己有那么多背离……

当然，我说父母，不是指任何一个做父母的人，对那个具体的人，我爱且尊敬，不苟同的是那种行为。想想我们的父母是在什么样的氛围里学习和生存的，就会知道责任不在父母，而在今天的我们。

我相信所有人，和我一样渴望诚实，我相信当我诚实的时候，可以和人很好地连接，我相信通过诚实能够从根本的地方和我的生命以及所在的时空连接。

我不期待自己完全诚实，当我不能、不敢诚实的时候我不指责自己，但只要能够，我就尽量诚实，我由衷欣赏和感谢自己如此。我欣赏自己日益告别客套话、程式话、没话找话、夸张的话、拣择的话、讨好的话、指责的话、讲道理的话、打岔的话、酒桌上的话、讲台上的话、场面上的话、面子上的话……我力求只说自己的话。

不诚实是可以被原谅和尊重的，无论对于别人还是自己，这不应被当作一个问题看待，只不过当事人觉得有压力，只不过是暂时没准备好而已。

人总是在能够诚实的时候就诚实，这本身就说明了问题。

诚实是我们对自己的尊敬和爱

Q:　小迁，请问你为何这么热衷诚实？有时候宁愿别人不喜欢你，你也诚实以待？

A:　我诚实，因为我觉得这样和自己有连接，我不懂就是不懂，不会就是不会，不喜欢就是不喜欢；当我和自己连接，我感到有力量，真实的才有力量。

我诚实，这样效率高，人家要是不喜欢我，很快就不喜欢了，人家要是喜欢，也很快就能喜欢。世界太广阔了，我仅仅接受那些喜欢我的还来不及，为什么还去"诓骗"那些和我不同频、不喜欢我的人？那样又累又有风险，也不公平。

我发现，当我不谋求利益、不树立形象时，我就能很自然地诚实，当我处于自然的诚实中时，我常得到很深的感谢和欢迎，即便是一时不被接受。

我诚实是因为我尝到了诚实的甜头儿，也愿意更深地接纳和信任自己的真实。

我想活得有趣一点，诚实帮我做到了，因为社会的氛围是虚假的，诚实在里面特别有"效果"；我想活得独特一些，诚实帮我做到了，因为生命每一刻都是绝对独特的，特立独行并不是需要努力的事，而是很朴实的事。

我想出于爱活着，而诚实就会有爱，即便暂时看起来不像爱的样子，但其实是在爱。

我想感受力量，诚实就有力量，"我就是此时此地的我"的力量。

我想和人连接，诚实帮助我和人连接，甚至我不说话，他们就能感到……有时候，别人会因我的诚实而生气地疏远我，更多的时候，别人会马上喜欢我并用他的诚实来回应我，但无论怎样，两种情况我都感到真实，对我来说，真实的不连接也比虚假的连接或者云山雾罩的连接好。

我不想活得肤浅重复，而诚实则自然地导向深入和改变。

我想活得快乐一些，诚实同样帮了我，因为即便非常不快乐，坦承自己不快乐比假装过得不错快乐多了。

　　……

我从诚实的朝向中，收获如此丰厚，我怎么舍得不诚实？我坚定地给了自己允许，当我安全感不够的时候，自己可以掩饰，处于这种情况时，我也真的"放过"自己，但更多的时候，我都处于诚实的状态中。为什么不呢？诚实不仅让我踏实，而且让我觉得很有自尊，即：我真实的状态是有价值、有尊严的，无论它是否合别人的意，无论它是否合自己的意。

我必须分享的另一点是，我对诚实的信念创造着我的遭遇。如果我对自己的诚实没有接纳，当我说出来后，也常常遭到怀疑、否定和推开；当我很确定，无论如何，我都要承认这些，无论如何，我都要说出这些，别人往往就会信任我、感谢我。

我经历过很多很多次鼓起勇气讲真话，无论是尖锐的观点，还是私密的感受，还是拒绝的态度，几乎每一次我都收获了惊喜，得到对方的认可、接纳，甚至是我们之间的关系大大地亲近。而这些，更加鼓励了我朝向诚实的愿心。我更加相信，诚实首先是对"存在"的尊敬，同时也是对自己和他人的爱，也展现着生命自然的创造力。

诚实就是追随自己的内心

Q: 孟迁，我也很希望自己能像你那样诚实，但我不时陷入相关的困惑，可否给我介绍一些你的心得和经验？

A:

　　A

或许最大的不道德，是成人对孩子的不诚实。因为孩子对大人完全信任、毫无防备。可是，大人们却经常利用孩子的信任，当孩子发现这一点，孩子就会防卫，所以，他们很快学会了隐瞒。再长大些，他们又学会了夸张，学会了轻诺，他们开始利用别人的信任和诚实。所以，对孩子不诚实，不仅是对孩子和自己连接不利，不仅是对亲子关系不利，也是对整个社会形态以及人类意识的破坏。

父母是可以诚实的。我朋友的儿子问她："你凭什么强迫我，我凭什么听你的？"朋友说："我就是在强迫你，也许你是对的，但是如果你不照我说的做，我会非常焦虑，非常痛苦，非常担心，然后会拼命地折磨你，所以我现在就是在强迫你听我的。"然后儿子说："凭什么你担心，你就折磨我啊？"朋友说："那你可以以后做这个事情，别让我看到，否则你让我看到了，我受不了，我忍不住想要去强迫你，我控制不了我自己。"

显而易见，朋友有她的功课要做，但她的诚实依然令我感动，对孩子诚实就是当下最好的爱。我把实情告诉你，你自己看着办，这是一个特别宝贵的态度，既防止了孩子"对父母将信将疑"的纠结，同时也给了孩子一个放下对权威（父母）的幻想、依靠自己的机会，这两者都宝贵得很。

B

诚实是对自己诚实，不是让别人感觉诚实。有时候别人能感到和相信我们的诚实，但并非总是这样。我们的期待不该在别人的认同上，自己诚实就够了。

很多时候，旧有的关系人期待你和"之前的你"一致，他们更享受和习惯那样的你，他们对你的交情和认同都建立在对你过去的印象上，所以，他们可能诧异、排斥甚至愤怒你的变化。没关系，就尊重他们这样，告诉他们，我变了，我相信你也变了，我们可以重新认识。你不能为了保持他们的认同和交情而假装你没变，那不仅是在骗人家，在剥夺别人认识真实的你的机会，你也在错过别人去爱真实的你的机会。人们经常掩饰自己，又抱怨别人不爱自己，人家根本接触不到真实的你，怎么去爱，你又怎么能感到爱？

有时候，你说假话，别人更容易相信，你伪装、表演，别人更容易接受，因为他们只能用他们的经验和价值观来感知你，你当然可以迎合他们，几乎所有人都这么做过，几乎所有人在很小的时候都能发现这么做的"好处"。只是，当你这样做了以后，别人对你都很满意，而你对自己不满意，你内心空虚，因为你知道他们满意的你不是真实的，你会隐隐地害怕，如果别人发现真实的我怎么办？你当然可以用更大的谎言来维系已说出的谎言，只是那是一个旋涡，会越来越深，到最后无法收拾。我有一个朋友，他喜欢用子虚乌有的吹牛来求得别人的看重，用根本无法实现的许诺来拉近关系，他有非常好的智力和经验，所以他大部分时候都能自圆其说，结果他很容易和人很快建立火热的关系，可是把戏总会露底，他便悄然消失，和这个圈子的人再不来往。这并不是什么错，只是一种浪费，其实，他不吹牛我就觉得他很棒很喜欢他了，就算他吹了牛我也不介意，可是他会因自己的内疚而疏远我。

隐藏对人的不满，并不利于关系建立，相反会限制或者误导关系。不巧的是，两者我都体会过。有一次，一个和我彼此印象很好的异性朋友和我聊天，谈到她如何与曾经的一个合作者绝交，我当时听着觉得心里很不舒服，觉得她固然有理，但太决绝了，我内心有一种寒光一闪的感觉。但是我没有表达，我觉得她是当一件得意的，至少是痛快的事情说的，我若表达会破坏我们的美好关系。可是，之后，我忽然失去了和她继续交往的兴致，我们彼此居然好久都没联系。如果重新出现类似的情况，我一定会表达自己的"异见"，其实我觉得我们彼此间蛮敞开的，如果表达不一定就会不好，可是不表达自己却因此和人家堆起壁垒，就全是自己的事情了。

不诚实经常产生误会。如果你第一次没有说不，对方就会认为你是默许，然后就继续；如果你一开始没有觉察到自己的不满，那么当你觉察到的时候，第一时间表达便是你自己的责任，否则对方会更加认为那样对你没问题。很多时候，人们都是等到无法忍受的时候爆发，那样就真的破坏甚至是爆破了关系，显然，那对对方是不公平的。

对一个你很看重的关系表达不满，看起来有风险，故而需要勇气。然而，事实却是：如果你不表达，你就永远不可能有一个真实的关系，而只能有一种虚伪的关系，表面很好，很亲近、很热闹、很融洽，但心里却不踏实，直到遮掩得不能再被遮掩，大家不欢而散。生活中"模范夫妻"、模范关系"意外"地突然解体，便是明例了。

换而言之，我们希望别人对我们隐藏不满吗？暗自疏远或暗生隔阂肯定不是我们想要的，我们真正希望的必然是对方坦诚而告，我们若能调整或者澄清，就避免了误会；若价值观不同，也可不再误加期待。己所欲，施于人。

C

诚实不等于和盘托出，不等于时时透明，也尽可以顾及情境，只需要去讲必要的。如果你的伴侣问你过去的情史，你可以回答，也可以不提。说与不说，全是为了现在更好，为了双方更好，如果我感到讲了有助于我们彼此学习相处和珍惜此刻，我就讲，如果我感到对方有意与过去比较，那我就不讲，即便对方"承诺"说了没事，我也不讲，我忠诚于自己的感觉。感觉是什么？感觉是我心里明明知道，如果我明明知道还要去信从对方，那就是我自己不够负责任了。

诚实也不意味着僵化地"真实"。小学二年级的时候，老师在班上问我们，谁在周末玩水了。我其实知道老师这样是不让我们私自去池塘里玩水，以防危险。但当时我想老师问谁"玩水了"，我昨天在自己家的院子里蹚水来着，为了诚实就站了起来。结果和其他下池塘玩水的同学一起被老师罚站，自己当时还怨老师怎么不容我分辩呢。

现在看来，是我自己没有负起责任，既然自己能清楚地知道老师的真实意图，为什么还要站出来等老师分辨呢？

所以，当从内涵上来讲毫无冲突的时候，我们不必去囿于形式上的诚实。

第5章
接纳——给孩子无条件的爱

接纳就是认出"这不是问题",认定"这是个问题"
而去努力接纳,反不如承认自己就是不能接纳。我们的
心底有一道光,可以照见所有的问题都不是问题,但这
需要我们重新审视自己的价值观才行。

"父母"是世间最深的催眠

人世间最深、最早的催眠莫过于"父母"了。如此之早，如此之深，以至于绝大多数人把其中的误解当作天经地义。

"父母"和"孩子"是相对的，没有"孩子"，也就无所谓"父母"，而所有的复杂和微妙就在这个简单的相对之中，几乎所有的人生剧情都可以在最初的这个关系中找到原型。

"父母"和"孩子"的关系完全建立在身体关系之上，血缘意味的来历、所属和基因，年龄意味的幼稚、成熟、强大、弱小，构成所有误解的根基。实际上，我们和父母并非身体关系而是心灵关系，这不是说去排斥和对抗身体关系，不是不尊重父母生养我们的事实，而是说以哪种关系为本质。这理解起来颇费周折，但体验上却是瞬间可变。你只需要闭上眼睛感受一下，对方是一颗和自己同等的心灵，很多东西就会改变。

让我们发挥一下自己的理性，看看身体关系意味着什么。

被动

是他们（父母）生下了我们，我们没有签过字；我们被动地继承父母的基因，被动地接受父母决定的经济、地理等社会环境，被动地接受父母人格所形成的心理环境，在无分辨能力时被动地吸收着父母的精神特质，无论是好的、坏的，总是不乏局限。

长幼

我们是幼稚的、没有经验的，缺乏力量和资源的；而父母是成熟的、富有经验的，富有力量和资源的。我们对父母没有威胁，父母对我们有威胁；我们仰赖父母，父母俯视我们；我们需要父母，没有他们我们活不下去，而我们对他们则不然。

所属

社会伦理对亲子的规定和暗示，衍生出亲子之间"天经地义"的深重期待，无数的"你是我的父母，所以……""你是我的孩子，所以……"等，这种"你是我的"的关系，缺乏界限而混乱，不知为自己负责为何，彼此纠结、黏着，我们用"应该"期待对方也害怕自己"不应该"，爱所具备的轻松、舒展难见踪影。

仅仅这三点，就有无数的所以生发出来。

因为"被动"，所以我们无法也无须为自己负责任。所以我们有理由做受害者，因为我们是如此被动、如此弱小，在毫无认知能力之下，被动地吸收了所有那些环境中的不好，然后形成我们自己的人格模式，形成我们自己的价值观，所以，我们可以理所当然地做受害者。而受害者思维，无疑是一个人打压自己、限制自己、误导自己的高级理由了。

"长幼"意味着我们向父母学，整个世界不都在对孩子说：你还小、你不懂、你要听话……于是我们慢慢压制自己的纯真而去社会化，漠视自己的直觉和生命冲动，而遵循各种各样的应该。然而，没有父母足以成为孩子的老师，每个人的老师只能是自己的内在智慧，父母或多或少都可以分享一些自己的体会和洞见，但是没有人足够做孩子的老师。

从某种意义上讲，父母是我们在这个世界上讨生活的第一个江湖，我们得适应他们，我们得看他们的脸色，他们不高兴，上来就是一巴掌，我们躲都躲不过，我们要和他们打平手，还要等待太多的岁月。适应他们的价值观，适应他们的情绪，适应他们的强势，适应他们的软弱，适应他们不为自己负责，然后无形当中我们就同意了错误，就成为错误。

小孩子几乎总是通过父母来建立自己，通过父母来确认和定义自己，无论是向外界，还是向内在。我们走出家门，别人会说这是谁家的孩子，而这也无形中成为我们自己的定位。很多人因为家庭出身自卑，因为父母而羞耻，而那些因为父母而荣耀的孩子同样知道那不是因为自己，从而觉得空虚。"出身"虽不是人们自我定位的全部，却几乎总是隐隐相随。

同时，我们也因为父母对自己的态度，而建立自己的自我概念。若父母喜欢我们，接纳我们，我们就会很开心，很喜欢自己，觉得自己有价值。若父母不待见我们，顾不上我们，总觉得我们的存在就是一个负担、错误，那么，我们就会认为自己不受欢迎，最终会形成很低的自我价值感。我们因为父母没有做到什么而耿耿于怀，又因为父母做了某些而深感受伤，长大后，有些人终其一生因此困窘，有些人选择自我成长，把那些匮乏、创伤视为人生功课，对自己的心理填填补补，固然不乏助益，却总难真正完成。

"所属"的社会性非常强，一系列软暴力的伦理逻辑都潜移默化地催眠和限制着我们。比较明显的是伦理压迫，比如"百善孝为先""孩子应该感恩""天下没有不是的父母"，一个孩子从天真无瑕的自由，被社会强硬地塑造为"孝敬""顺从""长幼有序"，这个孩子放弃了内心的纯真自由，被高度社会化后，便又去强硬塑造自己的孩子。现在，随着社会进步，这种明显反人性的"规矩"越来越少了。但其内在的核心逻辑还在，即：我对你有权利，因为你是我的孩子（父母），你应该如何。

这个逻辑是灾难性的，父母可以借此剥夺、苛求孩子；孩子借此一生不原谅父母的过失，怨责父母。"你应该爱我，而且如我所期地爱我"，这种念头实际上不乏残酷，当我期待你的时候，不是征询，不是请求，而是索债式的要求、催迫，父母们骂着"我生你养你，你应该……"，孩子们喊着"你自己都没把自己活好，干吗生下我，既然生下我，为什么我需要爱的时候你不在"。

可以说，人世间最大的"应该"是亲子间的，无穷的痛苦、冲突由此而来。为什么那么多人在父母面前感到压抑？为什么那么多孩子想离家出走？为什么那么多人就是和父母亲不起来？这些都不是个人的错，是大家未觉察的信念之错。

以身体为基础的亲子观，还有一点缺失，或许是最重要的一点，就是我们忽视自己的内在，我们需要向外谋求，我们充满了匮乏和需求，然后不断地向外谋求和争取。我们无视自己的心灵，只将孩子视为嗷嗷待哺的幼小身体。

世界把小孩子视作身体，小孩子把自己视作身体，于是，世间到处都是"可怜"的大戏。小孩子向父母争取、讨要爱，为了得到那个爱，他们愿意付出一切：为了得到父母的陪伴，他们宁愿生病；为了父母不再吵架，他们甚至愿意去死。他们之所以如此，不过是把所有的希望都寄托在父母这个外在对象上，完全无视自己内在的爱，以及自己献给父母和世界的爱。

无视内在必然外求，待小孩子长大，面对社会时，他们依然觉得自己需要处处谋求，而非自己很有价值，可以贡献。这种匮乏和弱小，和当初面对父母并无二致。

孩子作为心灵的内在智慧同样被无视。把孩子当作待发育身体的大人们，总会因孩子说出某些话而惊讶，这个惊讶本身就是贬低，惊讶的前提就是认为孩子没有内在智慧，认为孩子说出那么精到的话来太不可思议了。大人们看重自己辛辛苦苦得来的经验、精明的头脑，只有微乎其微的人懂得珍视孩子的纯真和纯洁。

然而，从根本上讲，我们是生命之子，而非那对平凡夫妇之子；我们本身就是爱，全然可爱也全然充满爱，而非爱的匮乏者。这个本质不反对但超越我们的社会亲情关系，而这是建立在心灵关系上的。

心灵关系意味着平等。亲子关系的根本问题之一即在于人们陷入角色化的认知，而忽视或者无视心灵意义上的平等。我无意否认成人和婴孩的差异，但无视心灵必会造成隔阂、不公等诸多无法破解的烦恼，而只要基于心灵的平等，亲子关系的问题就可以完全化解。

平等意味着我尊重你就是尊重我自己，因为我们是一样的；平等意味着我信任自己就能信任你，因为我们是一样的。

当看到一个孩子进入我的生命，我不会觉得他比我更小，他身体上、社会性上幼稚于我，但在心灵上，他和我是同等的；我不会觉得他属于我，也不会觉得自己属于他，我和他的关系就是一颗心灵怎样对待另一颗心灵。

当孩子进入我的生活，我会觉得来了亲切而神圣的贵客，我有幸照顾他一段时间，在这段时间里，我愿献出我的爱，而他也必将以爱相应，在这段短暂而亲密的依恋时段里，我只负责献出我的爱，而不是计划或掌控他的生命，因为他和我一样是一颗心灵，他的心灵有他自己的方向。

当我回顾我的幼年生活，回顾我的父母，我也不再把他们看作养育和教导我的角色，我不把他们看作自己爱的来源而向他们求爱，因为我自己充满爱，我不把他们的态度看作确认自己的凭据，因我知道自己全然可爱。我不再计较他们什么做得好、什么做得差，我知道他们总是在尽力，而我对于如何对待他们的影响拥有完全的自主：他们表现好的，我愿意承袭；他们不那么好的，我借此修正。同时我知道我的心灵是丰盛的，父母乃至世界的影响，相对于我心灵的蕴藏，好比河之于海。

我当然不会再去介意他们是否强势，我不需要他们改变，只要我自己站起来，他们的强势便无法立足，而我知道他们所以强势不过是害怕不被爱，而并非他们的本意，当我平等地爱他们，他们就被我的光照亮；我当然不会介意他们的价值观是否合理，因为我有自己的价值观，我有自己的智慧乃至判断，我不需要他们理解，相反我能理解他们，我不需要他们认可，相反我可以安慰和接纳他们。

我当然也不会致力解决他们的问题，因我知道他们和我一样是自己心灵的主人，除非他们自己选择或允许，我的影响不能介入。而我什么也不需要改变，只需报之以祝福。

是的，我尊重他们在我生活中的秩序，但我心底把他们看作平等的对象。我对他们没有任何要求，因我已完全自足无虞，我只报以感谢和爱。

重新看待父母

我们和父母的关系，是我们来到这个世界上的第一个关系，是我们所有关系的开始。也就是说，如果我们一生要犯错的话，我们会在这个人生起点上就犯错。实际上，我们所有人都犯了错。心理创伤不是某个人、某类人的专利，是所有人的。所有人都有心理伤痕，形式可能不同，但不过是五十步和一百步的关系，没有人有完美的童年。

认识到童年经验对于人生的重要性，这是人类意识的一个非常大的进步。但我们选择聊得更深入、更彻底一些。

在具体探讨之前，我要先引入一个概念：角色化。

当我们说一个人是警察，我们就会对这个人产生一些联想：他勇敢，有正义感，危险的时候他冲在前面。当我们说一个人是小偷，我们就会想这个人只会偷东西，鬼鬼祟祟。

但实际上，他可能是第一天当警察，他可能是个天生懦弱的人，他看到歹徒拿着刀的时候就吓得发抖，不能往前走一步。他可能是第一天做小偷，他偷的钱是为他的孩子治病的，他偷钱的时候可能非常有选择，只选择看起来丢了这些钱也没关系的人，他可能考虑给这个人制造最小的损失，他把所有的证件、银行卡都还给这个人，他只拿走现金。

角色化是一种惯性的思维模式，角色化对应的是功能和期待。最典型的例子是我们去演一出戏，别人设定一个角色，只要你选择扮演这个角色，你就必须完成这个角色的功能，这就是角色的含义，是角色化思维的本质。

父母和孩子的角色，我把这个称为最深的催眠。当我们一旦进入角色化思维的时候，一大堆的感受、期待、想法都来了：父母应该爱我，父母应该懂我，父母应该保护我，父母应该公正，父母应该温柔；父母不应该当着孩子面吵架，父母不应该不堪……

比如你下班回家，看到路边坐着一个中年男人在哭，走得再近一点就闻到他满身的酒气，满脸通红。你会很轻松地走过去，这个世界太大了，谁没有失意的时候，谁没有借酒消愁的时候，谁没有无奈的时候，谁没有脆弱的时候，这太普通了，然后你就过去了。而假如这个人是你父亲，你是一个小孩子，你的感受就天翻地覆了，你需要爸爸的爱，你需要爸爸的榜样力量，你需要妈妈有爸爸爱护、有爸爸陪伴，你要一家人其乐融融，这样你才能开心地成长……你很难甚至都不愿去顾及这个男人的不开心、无力感，你只是哭喊着说他不是个好爸爸，长大了对他冷冷的，因为你需要他的时候，他没有满足你。然后你对你的朋友说你从小缺乏父爱，你几乎从来没有好好地爱过甚至没有好好地看过这个做你父亲的男人，你却义愤填膺地说这个男人不爱你，造成了你的心理创伤。

这就是角色化的思维，可以说是最表层、最直线、最暴力也最纠结的层次了。人在这种思维模式里是非常痛苦的，因为角色意味着功能和期待，如果达不到就不被接纳，甚至觉得该受罚，人在这种模式里充满着怨尤和内疚。

第二种思维是人性化。人性化就是把父母看作和我们一样的普通人。我们问一下自己：能够无条件接受孩子吗？能够时时刻刻都处在爱中吗？有没有因没有完成的功课、已经固化的思维、尚未疗愈的心理创伤而导致对孩子的不公？如果有，那父母也是人啊，所以，我们选择接纳和尊重自己的话，我们也应该接纳和尊重父母。

父母和我都是平凡普通的人，作为一个人和另外一个人，我们的关系是平等且自由的。这个关系就轻松多了，当我再看父母的所谓缺点和局限的时候，我就会说："唉，那个年代过来的人，他小时候有那样的经历，他没有受过足够的教育，他们那个年代有那么多的匮乏感，他就没有接受过平等的思想，他就活在社会灌输给他的观念当中，所以他像今天这样表现，没什么奇怪的。这是他，而我，可以做我的选择。"当父母不符合我的期待和喜好的时候，我会说："好，这是他们的选择，我尊重。"

假如我们能够在父母关系中放下角色思维的话，其他关系也会受益：我们看伴侣的时候，也不会那么强势地觉得对方应该怎么样；看领导、同事的时候也不会再角色化。

第三种思维是生命化。我和我的父母都是生命，都来自生命之源，我们是平等的，我们是相爱的，我不再把他当角色去期待，也不再把他当成一个人去不断评价，我作为生命去爱他，我也接受他作为生命来爱我。即便在他传统的观念当中，他还是生命，他的生命之光总会在他的限制性观念统治不到的地方投射出来，我只去看他作为生命本身的美善。

父母和我具备同样的光明自性，具备同样的神圣主权。无论他们表现如何，他们不是在表达爱就是在吁求爱，他们和我一样永远对爱敏感。当他们表达爱时，他们会出于自己的信念而选择表达方式，可能是正合我意的，也可能是我认为毫无必要的，也可能是我并不喜欢的，无论哪种情况，我都看重他们的爱意，对于那些我不喜欢的方式，我会轻轻地放下，而不是厌烦。

他们的头脑被社会改造过，但是，他们心灵的属性始终都在。只要有合适的环境，只要他们感到安全，他们就能够体现出生命自然的美和活力，就像我一样。我看重的是这些心灵的属性，而不是看重他们的思维、言行或某种表现。当我把对方当作一个生命看待的时候，我的眼里就充满了真正的亲近，因为，我爱他，就是爱我自己，在爱他的同时，我自己就受到了滋养。

当然，生命视角是内涵层面的，形式上我们还是称呼他们父母，也尊重我们之间的血缘之情，但内心里我们把他们看作自己的兄弟姐妹来爱。

不再做"那个家的小孩"

再见，亲爱的家

有一年春节，我回老家。你知道，家是很"考验"人的，尤其对于一个敏感且想要独立的人来说。当时，我特意回到农村的老家和三叔一起过年，三叔三婶对我很好，和他们在一起很放松。我除夕前一天回的家，老家的饭菜吃得很合口味，和三叔不紧不慢地喝酒。可是，到第二天，也就是除夕那天，我中午午睡后去茅房，忽然内心翻涌，开始大吐……我心里并不难过，而是想：吐吧，尽情吐吧，所有我不想要的，现在还给你，我亲爱的家。

我内心非常明确地做了一个决定，我不要再做那个家庭的小孩。我不想反对任何人、任何观点，但是我不再适应他们了，不再期待他们的接纳和理解了。他们不问我的事，我无意讲，他们问我的事，我直言相告，不再为了让他们理解、接受而去打折乔装了。比如，他们问我的职业，我会说心理咨询师，而不是笼统地说"做教育"或者"写东西"了；他们问我的经济情况，我直接说出，我接受他们去担心或者比较；聊天涉及价值观，我也不再含混而是直接表达，不去评价他们的价值观，也不再期望他们认同自己。那个春节是我三十多年来第一次这样做，我回北京后写了八千多字的博文，取名《小迁的心灵春节》。那对我来说并不是轻松的，但我认定这样做才对。这样做了就有一种舒展的感觉，不像之前那么压抑了。事实上，并没有我预设的那么多冲突，或许是因为我完全无意否认或攻击他们的价值观和方式。我只是做自己，大家有惊愕，会愣住，会辩论，但我不辩只说明，没有共识就没有共识。渐渐有人很想听我说话，听我说完全不同于他们的思路。

重点是，我心里不再做那个家的孩子。我不再将那个家作为自己的来源，不根据那个家来理解和建立自己，我不再去迎合那个家以求接纳或认可（这点束缚我好久啊），我不再介意被看作奇怪或者"loser"（失败者），我确认自己是谁，确认自己在干吗，确认自己做得怎么样。我成为自己的圆心，我的整个世界是我的圆，我的原生家庭不是我的根源，而是圆中的一部分——很小很小的一部分。如果把人生看作漫长的成长过程，那么原生家庭就是我的"小学母校"，我的人生过得如何不取决于我在这所母校里遇到什么样的老师，不取决于我们当时的班级氛围，不取决于我是否经历过荣誉或者霸凌；我的人生取决于此刻我怎么看自己，以及我想把什么献给自己和世界。

非童年之罪

看重父母对孩子的影响，乃至以童年经验为基础的精神分析学派的出现，都是人类意识的进步。然而，现在教育学和心理学流行的"童年决定论"却走向另外一个极端，身为父母的人生怕自己做错什么而给孩子留下心理阴影，已经成年的人把自己心理的困难都归罪于童年时父母的过失，又使亲子关系陷入沉重和罪咎。

借用心理学的分析增进自己的觉察，优化自己对待小孩的方式，是很好的，我自己也是受益者和分享者；然而，童年并非具有决定性，这是一个基本的常识和提醒。认真地看看我们自己，我们固然深受童年原生家庭的影响，可是又有哪一个影响是我们绝对不能改变的呢？

实际上，每个人的心都只归自己管辖，也只有自己管得了它。看清这一点，不仅会唤醒我们面对自己人生功课的完整主权，也可以解放自己对孩子的天大背负。

我们的现状并非因为过去，也非因为父母。童年时，无论父母对我们做了什么，或者没有做什么，并不直接影响我们，真正影响我们的是我们自己的态度，是我们自己赋予那件事情的意义和重要程度。

我有一个朋友，他有关节炎，因为他小时候爸爸经常带着他出差，路途中爸爸没有照顾到他的腿，因而受了风寒，留下关节炎的后遗症。但是我听这个朋友讲述这件事，他特别平静，我当时都很惊讶，因为这是一辈子的事情，为什么他一点怨言都没有？他可以怪父母疏忽，如果怪父母的话，他有很多很多理由。

有一本书叫《还我本来面目》，是夫妻俩写的。妻子叫吴至青，是台湾人，她讲她的幼年经历，爸爸当时很少在家，每次见到爸爸她都特别渴望爸爸爱她，有一次她喝完了水把杯子递给她爸爸，她爸爸随意地就放在一边，而没有放在她期待的位置，她就特别受伤，她觉得爸爸为什么这么不重视她，她妈妈回忆说"当时你因为这个事情大哭了两个小时"。多年以后，她再去看这个事情，就能看清这完全是她一出生就带的脚本，因为什么事情受伤，怎样去解释什么事情，都是早就设计好的脚本，如果脚本不同的话，就是在同样一个环境下，同样一件事情的刺激，孩子的反应也会大相径庭。

我们的问题并非来自父母，因为主权掌握在自己手中。就算是人生剧本中注定要经历某些痛苦，我们也有完全的主权去重新做选择。

前些时候，有一位朋友向我倾诉，说妈妈从来没有肯定过她，不仅不肯定她，而且故意骂她，即便对她好了，也马上把她贬为可怜的不够好的，而且会故意让别人听见，或故意说给别人听，添油加醋故意宣扬孩子的不好。当着孩子的朋友讲，对邻居讲，有时候为了让街坊听到她故意站在窗户边讲。我问她：我听到你父母对你的态度了，这不是一个好的态度。但我要问你，你现在是在用这个态度来看自己吗？你有没有独立看待自己的态度？如果你非常不喜欢这个态度，那你愿意为此做什么？

当一个人频繁地去讲父母怎么怎么不好的时候，他一定是忽略了自己的主权。如果他非常清楚并且懂得使用自己的主权的话，他就会发挥自己的自由，给自己爱的眼光。

举我自己的一个例子，关于匮乏感、关于低自尊，我在前文也写过，按照心理学心理成长的视角，我会追溯到我妈妈讲的一句话，她说：唉，咱不能跟别人比啊。这句话对我产生非常大的贬低，这不是说不如别人，是连比的资格都没有。

我妈妈在匮乏感当中，她也肯定非常小气。有一次我出门去叔叔家，除了路费之外，我到叔叔家之后只剩下五块钱，这五块钱连回家路费都不够。后来，我就跟妈妈说，你没考虑过我回来的路费吗？她说，你叔叔会给你钱的。这就是他们那一代人的思维。

但是，我是有主权的，我的希望在于我自己的主权。妈妈可能因为匮乏感而有一点儿小气；我可以敞开，我可以慷慨，我可以大度啊。如果我妈妈觉得自己不如人，我可以尊重自己也尊重他人，我可以不妄自菲薄，我可以去给我妈妈肯定，给她价值感。我并不期待我这样做就能改变妈妈，但这样做能改变我自己。我不再需要妈妈给我做一个好的榜样，给我一个好的教导，因为我内在的自性才是我的导师。

童年决定论还基于一个人们根深蒂固的观念：时间是线性的，过去决定现在，现在决定未来。实际上，过去和未来从没存在过，它只存在于头脑中，只有当你认为过去影响着现在的时候，过去才能影响你，只有当你挂虑未来的时候，未来才能占领你，你只有一个时间就是现在，上述两种情况都是基于你用现在考虑过去或者未来。说到底，此时此刻就是力量的全部。

我并不反对童年回溯，也不排斥清理过去的扭曲信念，我觉得这是很好的学习、觉察和疗愈的方式，但这并不动摇我认为只有此刻才有力量的信念。我有一个朋友和她婆婆相处不好，下班回家的路上给我打电话，讲她对婆婆的各种担心。我说，所有的担心都是你过去的经验，如果你继续看重过去，认为你的婆婆就是那样的人，那么，你会发现事情就是这样；假如你能冒险一试，放下所有的过去经验，相信婆婆绝不是你过去以为的样子，那么你将会看到一个从未见过的婆婆。她当时特想摆脱自己那种焦虑的心情，于是选择听从我，晚上她发微信告诉我：孟迁，你是对的，真神奇。

老实讲，我们已经被过去和未来囚禁太久了，"我不行""我不会""我害怕"哪一个不是来自过去或者未来呢？我想我们可以接纳自己这样的惯性，同时，更多地尝试不以过去为凭，我们才能越来越多地活在自由和新鲜之中。

从“需求”到“给予”

你必须对父母一无所需才能放过他们。

任何方面的需求，都导致你不能无条件地接纳他们，而是期待他们。或许你不再需要他们的经济支持，但你希望得到他们的认可依然是需求；或许你不再求得他们的认可，但你希望他们看到你、尊重你，依然是需求；或许你也不再需求这些，但你希望父母不再吵架或者希望他们快乐、健康，这依然是需求。

一位朋友的妈妈患病了，他给妈妈安排了最好的医院，提供了最好的照顾，可是发现妈妈还是不开心。他非常苦恼，他来问我。我对他说：妈妈已经很不开心了，她还要承担你对她的失望，她还要对你内疚，她不是更加辛苦吗？每个人的开心与否只有自己能够决定，她或许深深地被她的过去所统治，而没有办法走出来，你作为儿子只能满足她一部分需要，她很多其他方面的需要你是没有办法满足的，所以她不开心这件事情根本不是你的错，而这个时候你最应该做的就是尊重和接纳她。希望她开心是你自己的需求，你可以去看看这个需求背后的根源是什么。当然通常都是想做一个好儿子，然后通过“使得妈妈开心”完成对自己的认可，反之则视自己为无能、无力，认为自己不够好。然而，爱一个人不是要一个人开心，而是无论他开不开心我都爱他。

需求和爱是无法共存的。你希望他们快乐，你便不能接纳"自己无法让他们快乐"，便不能接纳他们还不能快乐；你希望他们健康，便不能接纳他们不能"积极地"善待身体，可是你自己都不能时时善待自己的身体……或许他们已经决定选择死亡，但你想拉住他们，不让他们走；你希望他们尊重你、看到你，这本身就是对"他们还不懂得尊重"的不尊重，本身就是对"他们无法认出你"的看不到或不去看；你希望他们理解你、认可你，这本身就是不愿意理解和认可"他们目前真的是无法理解你"。

当你对父母还有需求，你的关注点就会被需求牢牢锁住，而很难去看到他们的需求，你不能接纳他们，不愿尊重他们、理解他们，却期待得到他们的接纳、尊重和理解。

可以说，我们和父母的关系是衡量一个人自我成熟度的重要标志。只要一个人还觉得自己需要从父母那里得到什么，他就还处于幼稚状态。成熟的状态是从爱的需求者变成爱人者，从需求爱的状态进入爱的状态。当一个人处在对父母没有需求的状态中，他就自然地去爱父母，当一个人处于对父母的需求当中，他自然就去期待父母，当父母不能满足他的期待时，他就会抱怨不接纳。

年少时的我浸染在家人看待母亲的眼光中，看不起母亲，嫌母亲没本事、不体面，曾说过"我长大了可不娶你这样的媳妇"。其实这种心理不过是内在匮乏的显现，怕别人看不起的人，才会看不起别人；自己没本事，才会嫌别人没本事。当我陷于某种自我限制的痛苦，而又认为那都是因为父母的坏榜样导致时，我也曾愤怒地抱怨母亲"你们自己都没活好，干吗要生孩子"。

随着我个人的成熟，这些也都已改变。我有了足够的自尊，便不需要母亲来帮我"体面"，我能搞定自己的生活，哪还需要母亲的"本事"，当我突破了自己的限制，也就不在意当初母亲做得怎么样了。相反我开始感激母亲没有做我的权威，实际上但凡有点本事的父母有谁能做到不做孩子的权威呢？我开始感激母亲对我的包容和柔软，这其实也是母亲"没主见""没脾气"暗含的礼物。我的思想比我周围环境中的人都自由得太多，这也要感谢母亲对我没有那么多的教导和施压。

我相信总有一天，我们会清明地认识到，我们向父母期待的，恰恰是我们应该对父母献出的；父母的不足或错误，实际上是对我们吁求，吁求我们的丰盈，吁求我们的修正，当然，所谓修正不是去改变父母，而是我们自己活出来。

实际上，世界充满爱和美善。稍有留意，你就会发现小孩子充满了爱，想想孩子带给我们多少快乐，多少纯净和多少天真！而不管我们年龄如何，内心的本真依然是和孩子一样的。孩子，正是家庭之光。

成年的父母在社会化的过程里压抑了自己的本真，他们被目标所统治，被信条所限制，活得很累，不容易快乐，不容易安然；而孩子呈现出离生命源头最近的状态，我们可以从他们身上看到很多生命之光。

换而言之，相对于我们的父母，我们也是家庭之光，我们始终爱着他们，现在我们可以更成熟些，把平安和爱献给他们；不是"取悦"他们，不是"拯救"他们，不是"调教"他们，而是自己活出生命的自由、轻盈和温暖。

身为父母的三个功课

与孩子平等

亲子关系最核心的内涵就是平等。

当我们面对父母的时候，我们不再做"那个家的小孩"期待他们的爱，我们为自己负起完全的责任，然后把他们看作和我们平等、和我们一样。这是一个方向的平等，我们面对孩子是另一个方向的平等。

我希望当你面对孩子，你不再只用肉眼去看，不再只用耳朵去听，不再只用头脑去想，也用你的心去感受。因为肉眼看到的是一个小小的身体，耳朵听到的是稚嫩的声音，头脑只知道根据过去推论。事实上，做父母所有的负担、烦恼全来自把孩子视作一个年幼的、未成熟的身体和心智，因为不相信孩子能为自己负责而背负了过多的责任。

通常来讲，人们认为成年人才能为自己负责，可是，"年龄"是非常不靠谱的，超过二十五岁不懂为自己负责的大有人在，不到二十五岁为自己负责的人也很常见。李嘉诚十四岁时父亲去世，就开始完全为自己负责了。这样的例子很多，说明以年龄为标准，并不足以成立。

孩子的身体暂时是比我们小，他们的心智也还未成熟，但是他们心的属性和我们是一样的，他们的灵性和我们是一般无二的，在这个层面，我们是完全平等的。

我给很多朋友推荐过一部叫《屋顶上的童年时光》的电影，电影里父亲总想做出父亲的样子，后来装不下去了，在儿子的怀里哭泣。它非常典型地体现出作为孩子的心灵力量，体现出其实大人和孩子是一样的。

前几天一个朋友和我分享，她老公有一段时间没回家，她两次打电话老公都没接，到第三次老公接的时候，她就发怒了。她就骂她老公，非常生气，用她自己的话说，她其实也知道自己很不讲理，然后她老公就沉默了。这时她女儿过来了，她女儿大概四五岁，她女儿接过电话跟爸爸讲，说："爸爸，我想你。爸爸，我喜欢你跟我玩。你不在的时候，我天天看着你照片。"然后她女儿甚至在讲电话的时候，把手机当作爸爸抱在怀里。她看到这个就笑了，老公在电话那头听见她说"你干吗抱着手机呀，那又不是你爸爸"，也笑了，这氛围瞬间就变了。

当我们面对父母的时候，我们的课题是自己站起来，和他们平等；当我们面对孩子的时候，我们的功课是不小看孩子，和孩子平等，相信孩子自己能站起来。小看孩子是一件多么普通的事情啊，全世界都在小看孩子，"小孩子懂什么""一群孩子罢了""你怎么还像个孩子一样"……这是多么大的贬低呀！孩子的身体是比我们小，他的社会化程度比我们低，但是他的心灵可一点都不比我们小、一点都不比我们弱，孩子比我们清澈，孩子比我们更活在当下，孩子更愿意选择信任，更容易满足和喜悦……所以你会发现有时候，孩子说出的话让我们反应不过来，孩子提的问题我们回答不了，孩子有的勇气我们没有。

我们和孩子应该相互促进。当我们去供养他的时候，当我们去教他一些东西的时候，那是我们对他的帮助，同时也是对我们自己的帮助。当我们给予孩子的时候，我们可以向孩子学习满足，可以通过孩子来连接自己的纯真。《圣经》上有一句话，叫"瞧，那个幸运的人，他有一个孩子"。有一个孩子的确是非常幸运的事情，它让我们以一种非常直接的方式去感受原原本本的自己。

我们还可以向孩子学习无条件的爱，小孩子是无条件爱我们，也是无条件吁求爱的。他是你的孩子，他天生就爱你。你是总统和你是乞丐，他一样爱你。你凶他，他伤心了，可是五分钟之后，他又过来了，就像什么都没发生一样。孩子是最容易原谅人的，不会因为我们犯了错就不爱我们。他们向我们吁求爱的时候，也是无条件的，他们想要什么他们就说就喊，饿了就是饿了，渴了就是渴了，要抱就是要抱，他们没有说那种觉得自己要符合什么条件才能提要求，他们没有想过自己要怎么报答才向父母要求，他们接受和给予爱都是自然的，这个也是我们应该向孩子学习的重要方面。

除了我们刚才探讨的爱之外，关于生命的力量和智慧，孩子和我们也是相同的。我们能学习，对吗？我们现在正在学习，那么孩子也能学习；我们自己需要探索，孩子也需要探索；我们自己要经历一个过程，孩子也要经历一个过程。如果父母懂得这些的话，面对孩子时，就会减少好多的背负和催迫。

信任孩子

做父母最大的挑战，是信任孩子。当孩子出于冲动，是好奇，是新鲜，是想尝试，是出于兴奋和快乐去做的冲动，我们不敢相信他，因为我们早已囚禁了自己，我们放弃了自己内心的敞开和自然，而被某些"社会的声音"给同化了。我们看待孩子的态度，完全效仿了父母和社会的态度，我们效仿了他们的目标，效仿了他们的模式，也效仿了他们的焦虑……我们现在对孩子产生焦虑和不安的目标，有哪些不是社会"教给"我们的，有哪些不是大家达成"共识"的，我们有多少时候已经把这些"共识"当成了真相，而认为"就是这样"，认为是理所当然？

身为父母的我们，在生命的历程当中，活出了多少自我，我们就对孩子有多少信心；在自己的人生里有多少限制和恐惧，那我们就对孩子有多少的投射，有多少的担心，有多少的焦虑。父母的焦虑或者担心，并不是孩子的状况本身有多糟，而是父母把它看得有多糟。他所以认为这个情况太糟太可怕，源于他未疗愈的创伤、他未释放的恐惧。

此刻我想到汪峰的例子，汪峰的父亲是军乐团里面的乐手。当汪峰开始搞摇滚乐的时候，他爸爸怒不可遏，要跟他断绝父子关系，打了他一个响亮的耳光，然后让他滚出家门，一分钱都不给。那时候汪峰还在上学，没有收入。对于那个年代的父亲来讲，儿子居然要去搞摇滚，去表达愤怒，去表达真实，而不是在主流社会找一个安身之地，实在太可怕了。他必然充满担心，这样你怎么活下去，别人会怎么看你。他无法改变儿子，他又接受不了儿子，他就选择回避，也就是说，和孩子不见面。

当然，现在再看这个事情，就非常有意思。如果从世俗的眼光来讲，还有歌手比汪峰更成功、更活跃吗？他一个人的收入大过他父亲整个单位的收入，他的名气比他父亲单位的名气还要大十倍，他有那么多狂热的粉丝。我不是去赞扬这种成功，而是说父亲的担心是多么没有必要。

你自己害怕什么，你就会担心孩子什么。但是向内看自己恐惧的父母很少。我为什么害怕这个？我是怎么把孩子的状况视为问题的？为什么他晚睡就是问题？为什么他不爱讲话就是问题？为什么他内向就是问题？为什么他学习成绩不好就是问题？为什么他不上学就是问题？像这种懂得追问的父母很少，然而只有开始追问，事情才会出现真的转机。

我们看一下大部分成年人的状况，真正敢于做自己的有多少？大家都是社会的适应者，都在这个世上讨碗饭吃，真正敢于依从内心而活的人有多少？真正敢于真实表达自己的人有多少？我们自己不敢，我们看到孩子想要这样的时候就非常害怕，这完全是我们自己的恐惧。

一个真正了解生命、活出自我的人，没有任何担心。

因为他对生命完全了解和信任，所以当他看到孩子不想上学的时候，会说：可以啊，上学不是必须，不上学的路也宽得很哪。郑渊洁就在家教育自己的儿子，上 homeschool 的家庭也越来越多。

孩子身体有状况，也没问题的。在任何身体状况下，都可以活得自由、快乐、有尊严、有爱、有力量。前两年比较火的尼克·胡哲四肢全无，当他从自己内心的地狱走出来，他鼓舞了成千上万的人，后来他和一位美丽的日本女士结为伉俪，据说现在都生二胎了。可以的！你看身体很健全甚至很出众的人，抑郁自杀的也有的是啊。决定我们幸福的不是身体状况，决定我们平安的也不是身体状况，而是我们的信念。

简而言之，世上父母的焦虑"千姿百态"，但没有一个焦虑是因为孩子。父母感到焦虑，不过是他处于孩子那样的境遇他会害怕而已，而这只不过是他过去未释放的恐惧，与孩子、与境遇无关。

不信任等于"信任'不'"。我不信任孩子能为自己负责，就是我相信他不能为自己负责；我不信任孩子能管住自己，就是我相信他管不住自己；我不信任孩子那样也会平安无恙，就是我相信孩子那样没有好结果……相信的力量，是无穷大的，你那个信念多深，你创造的那个外界的呈现就多真，你的吸引力就多强。

所以，我为什么不能信任呢？我为什么不能信任未知呢？未知还没有发生，我为什么选择的是出于恐惧的假想，是焦虑和担心，而不是平安，不是车到山前必有路，不是相信爱你胜过爱我自己？我们这些不信任是从哪儿来的？是怎么来的？当你调转注意的方向，就是你的关注不在孩子，转而关注你内在对孩子的不信任从哪里来、你对孩子的评判从哪里来，真正有意义的转变就会开始。

只要你愿意调转这个枪口，愿意调转这个关注力，把外在问题——孩子身上问题的解决——回到你自己的焦虑和评判的产生，整个存在都会帮助我们。

终有一天，我们会自然地这样看待孩子：亲爱的孩子，我相信你内在的成长性，你会尽可能活出自己的美善和天分，你有足够的观察、学习和成长的能力，爱和智慧始终都在支持和引领着你，而我对你的爱也只是其中的一部分。

为自己负责

有一次我去外地一个来访者朋友家里做客，在朋友家里吃了晚餐，喝茶，第二天又一起在外面吃自助。来访者夫妻俩坐在对面，我和孩子坐在这边。我就跟我的来访者朋友说："你们发现没有？孩子和我在一起，是完全没有问题的，孩子和你们在一起时就都是问题。"我的来访者朋友非常同意。

这是为什么呢？因为我和孩子在一起的时候，是接纳和信任的，只要有接纳和信任在，孩子就是"没问题"的，因为生命本身没有问题。然而，这得我自己先没有问题才行，我能理解他的所有行为，并知道这是没问题的。比如孩子对我撒谎，我会在心里想：这没问题呀，他有秘密这很正常，我无须改变他，他觉得安全的时候自然就会分享。比如孩子拖延不做作业，我会在心里想：这没问题呀，他感到压力了，那我当然不需要再给他压力，我可以带给他放松，他放松了就能面对了。比如孩子"虚荣攀比"，我会在心里想：这没问题呀，他爱美很好，他追求认可也是人之常情，当他能够更喜欢和信任自己的内在他就不需要这些了，我只要做到，他会自然学到的……所以，孩子和我在一起放松，因为我没有期待和评判；所以，孩子愿意和我说话，因为我就算不懂也愿意听；所以，孩子在我面前会很有活力，因我支持他做自己……这样的话，孩子发挥和感受自己的时候就多，会越来越接纳和信任自己。这是一种循环。

另外一种循环你懂的，父母看到的都是问题，自己很焦虑，忍不住催促孩子，孩子做不到的话就批评孩子，孩子恼了，父母愤怒或伤心；如果循环升级，父母和孩子都陷入更严重的退缩、保护、怨尤、沮丧甚至绝望。

假如我们在一个爱的氛围当中，我们就不愿意给出攻击，我们就愿意好好说话，且有耐心做稍微复杂和有难度的事；如果我们在一个互相指责、自我保护的氛围当中，别人抓我们的错，我们马上去看别人的错，我们就气得不行。然后期待对方满意，如果对方不满意，我们就恼羞成怒，就开始指责对方，为了强调故意说狠话……

可以这么说，只有我们为自己负起完全的责任，只有我们对生命有了了解和信任，我们才有机会看到孩子的美善真相，否则我们看到的都是问题。

"只要孩子改变，一切就好了。"这是个错觉！千分之九百九以上的人都在这样思考，但这不代表它是对的，不代表我们必须这样思考。我们是有权利去重新选择的，我们是有权利去获得我们应该有的平安和喜悦的。

而要想获得这样的平安和喜悦，需要去穿越我们的焦虑和烦恼，我们必须明确，所有的焦虑和烦恼不是来自孩子的表现，而是来自我们自己。而这些焦虑和烦恼背后，都有我们已经信以为真的价值观。

基本上，任何关于孩子的问题、焦虑、烦恼，甚至痛苦，都是为了让我们的爱更完整，都是让我们重新收回我们遗失的爱的。

比如，有的父母为孩子的"忤逆"大为恼火，又不敢教训，只好暗气暗憋。可是，权威就是不该存在的！我们可以从形式上、礼仪上去尊重一些长幼啊、职位啊，但是从内心来讲，就不该有权威。你之所以想去做孩子的权威，是因为当别人做你的权威时，你认同了，你同意了，你接受了。根源在那儿，你的错在那儿。

当孩子和我们陷入某种权力斗争，我们不需要有做不成权威的受挫感，而是可以有一个修正的机会：我们再不需要别人做我们的权威了，我们愿意尊重包括自己在内的所有人的自由。

当你能够转向，去往回看这个部分的时候，有一个巨大的礼物，你遗失了非常久的礼物：你和任何人都是平等的！你不必去看那么多人的脸色，你不必害怕去冒犯那么多人，你好好地做你自己。我们内心本来就有尊重的，自然地展现那个尊重，对别人尊重，同时也充分地尊重你自己……这样，父母就借"和孩子冲突"获得了疗愈，孩子的问题也自然消失了。

当你能够达成这一部分的时候，你会看到孩子是多么美善。每一个孩子的出现都是有使命的，都是来让我们的爱变得更完善的。

事实上，做父母最终的落点就在"为自己负责"，最常见的迷雾就是"为孩子负责"，"为孩子负责"和"要孩子为父母负责"是同一回事。

我们大家都看过《阿甘正传》，当阿甘知道自己有一个儿子的时候，他问珍妮的第一句话是："孩子是不是像我一样傻？"而在生活中，当我们觉得孩子个子有点矮、眼睛有点小、皮肤有点黑或者不太爱说话时，都是因为我们自己对这些还介意，假如我们能够向内去疗愈并释放那些评判和恐惧，我们就再也不会向外投射恐惧而成为担心。

最常见的焦虑是学业焦虑，这不过是父母自己的生存恐慌未消除的显现；最深层的焦虑是死亡焦虑（疾病、残障焦虑也属于这一范围），这是因为父母把自己和孩子视为一副脆弱的躯体……是的，几乎所有人都这样坚定地认为，这是人类的集体催眠，但这不是真的，人在任何的身体状况下都可以获得平安喜乐，足见身体并非决定因素。

在这两大焦虑之外，生活中具体的焦虑也是无穷无尽的，有的妈妈因为孩子挑食而紧张不已，有的妈妈因为刚打了孩子一个耳光而怕得要死，有的妈妈看到孩子又出现在后进生名单上心如死灰……她们一遍遍想"只要孩子好了，就没问题了"或者"要是自己能够如何或者能够不如何，就好"，然而，真相是孩子没有问题，父母也没有问题，是我们的心念有问题，所以才看到的都是"问题"，而且不断衍生"问题"。

一个人为何事焦虑，焦虑到什么程度，怎样对待自己的焦虑，完全出自个人的选择，而不存在"事已至此"，懂得这点，我们就能拿回自己的心灵主权，就能解开过去对我们的捆绑和诅咒，就能释放我们的孩子，和美好的孩子真正相遇……那时候，我们就会感恩今天孩子的"问题"对我们的帮助。

让关系回归朴素

我最推崇的亲子关系

我推崇的亲子关系是什么样的呢？就是它最朴素的样子：从为孩子负责到与孩子相处，从期待孩子到爱孩子。

这两点特别简单，任谁都会，而且非常有效，但是很少有人愿意做，因为父母们害怕。出于害怕人们总想做点什么，总怕少做了什么，或者做错了什么。

有一位妈妈，她是我的来访者，她的儿子高三了，不喜欢上学，其实他也想上学，就是没有信心，自己也知道上学的重要性，可是经常逃学在家里睡觉。有一次她回家又看到孩子在家里睡觉，她就受不了，近乎崩溃。咨询中，她讲完这些"剧情"问我怎么办。我说："你想做一个好妈妈，你不知道怎么做，你想将孩子'引上正途'，帮他'度过人生关键期'，你不知道怎么做，但是和他相处，你会吗？假如有一个十八岁的少年和你一起住，他住在那个房间，你住在这个房间，然后你很爱他，你对他很友好，你知道怎么做吗？"这位妈妈说："知道啊，就是带他看电影，给他做好吃的，拉着他出去散心，不问他学习的事。"我说："这就是你能对孩子做的最好的。"这位妈妈说："可是我是他妈呀，我怎么能不管他呢？如果我不管，那怎么行呢？"我说："这正是问题所在，但我们不需要争论，你也不必认同我，你自己想怎么做我都支持。如果有一天你觉得自己这条路真走不通了，你就试试我说的，不需要讨论，只是去试。"

一个月后，这位妈妈告诉我，她真的试了，试了十多天。有一天孩子哭了，说："妈，我过去睡觉、玩游戏不是不想学，是怕自己做不到，现在我不怕了……"这位妈妈觉得很神奇，我笑笑也没解释。

实际上，当这位妈妈在焦虑、催促、担忧时，她在干什么？她在投射她的恐惧呀，她在输送压力和混乱呀，而当她没有期待，死马当活马医地尝试我说的方法，她在不抱期待地爱。孩子本身就有生命力，过去来自妈妈的压力和干扰没有了，相反增加了爱和接纳，孩子获得了滋养，放松下来，自然就鼓起勇气为自己负责任。

从负责到相处

我们传统的亲子关系都是为孩子负责型的。"我要照顾他，我要教导他，我要谋划他，我要打造他，我要塑造他……"几乎所有的父母都这样想。我并不反对这些，从某种意义上、某个层面上来说，这些是需要的。我写过一篇博文叫《管孩子的三个层面》，其中也包含这些层面。但是我现在想强调的是另外一个，就是那些事情不是不可以做，但我们从内心知道自己和孩子的关系不是"我为他负责"的关系。除了那些非常具体的事情，比如我提供给他金钱、照顾他健康、教给他一些社会常识，除了那些自然而然的支持、教导之外，我们和孩子关系的本质，是相处。

孩子就像一个客人一样，这个客人的特别之处在于他在我们家待的时间比较长，在这段时期里，他的身体在发育、成长，他在经历他的人生当中必须掌握的技能，区别仅仅在这里。我们就是和他平等相处的关系。在这个屋檐下，有我也有他，我们怎么一起过？我们可以一起玩吗？我会尊重他也尊重自己吗？我会向他请求吗，还是我们习惯了要求？我们可以向他寻求支持吗，就像他向我们寻求支持一样？我们可以相信他会为自己负责吗，就像我们相信自己可以为自己负责一样？

一个七岁的孩子为自己负责，并不比一个二十七岁的男人为自己负责更容易或者更难。为自己负责的具体内容、具体形式可能不同，但是为自己负责的潜力和难度是一样的。所有那些觉得孩子不能为自己负责的父母，都是因为他们有一个扭曲的信念，在这样的信念之下，他们看到的孩子就是一个不能为自己负责的孩子，他们就会做得过多，就会管得过多。因为孩子没有机会去体验自己、做自己，没有机会去练习，所以这方面能力也滞后了，他也不相信自己，没有主见。这个时候妈妈会说："你看，他就是不行。"（这个话题前文也讲过了，整合一下。）

如果换作相反，就是我认为孩子一定是可以为自己负责的，不会他可以学，不熟练他慢慢地去练习，那么孩子就会非常独立。日本有一位妈妈，她快要离开人世了，但是她的孩子还很小，她大概还有一两年的生命，然后她就用这个时间教孩子所有的事情。当她离开之后，孩子就非常地独立，她完全可以照顾自己吃饭、上学，生活上她完全独立。

从期待到爱

我要说的第二句话就是从期待到爱。

我有一个朋友，她去年刚生了小宝宝，那个小宝宝太可爱了，她经常晒图片、晒小视频，我看到之后都特别感动。然而，这样的时光是那么短暂，很快孩子就要面临社会乃至父母的期待，面临社会乃至父母的比较，他就不能够自由自在地做自己。整个世界被深深地催眠，都忽略了孩子有一颗美善的心灵，都忽略了他生命的属性。大家看到的只是一个小小的身体，只是需要灌输很多知识的头脑，需要培养他很多生活的习惯，包括很多社交的礼仪。那个世界的逻辑就是，如果我们不管，孩子就不像话；如果我们不教，孩子自己就不肯学；如果我们不催，孩子就永远停在那儿，自己不会主动去做。但实际上呢，从来不是这样。我们就问问自己，是不是会自然地在生活环境中谋求生存？是不是会考虑怎么样活得更好呢？是不是会考虑怎么和人连接？即便没人教、没人催，我们也会这样的。这就像一颗植物的种子朝向阳光一样自然，就算是有外在的人帮助我们，那也是我们选择了接受。

父母对孩子有很多期待，除了我前面说的不信任孩子的生命本性，无视孩子的心灵属性之外，也因为父母还有太多的需求依赖孩子去满足。

如果我们心平气和地、毫不批判地、非常诚恳地问自己的话，就会发现我们对孩子有太多的需求。

我们需要孩子安全，我们需要孩子优秀，我们需要孩子不被别人指指点点，我们需要通过孩子来确认自己做得够不够好，自己是不是合格，自己对不对得起作为父母的角色。我们要称职，如果不称职的话，我们就会对自己有很多批判，而我们要想称职，需要孩子来证明，需要孩子的健康、快乐、优秀、出色来证明。但问题是这个标准，是我们自己设定的，我们认为孩子某种表现是健康的、优秀的，是正常的，而其他的就是不正常、不健康、有问题的，这个标准来源于我们过去经验的积累，且是非常有局限的积累，但是我们就把它作为一个生硬的标准，套在孩子身上。实际上，孩子完全可能拥有不符合父母期待但非常有活力的生活、非常快乐和充实的生活，其实有更多的可能性。孩子好好上学可以很快乐；孩子成绩不好也可以很快乐，也可以很有前途。孩子爱社交、爱表现、主动、外向，很好；但是他内向，甚至有一点自闭，他不喜欢交往，他依然可以很幸福，依然可以生活得很好。朱德庸就是一个案例呀。所以，成熟的父母，或者说有觉知的父母，他对孩子是没有期待的。因为他没有什么需求需要孩子来满足，因为他对生命本身有足够的了解和信心。这是从理论上来讲，但是从现实上来讲，我们每放下一个期待，就从一个标准里面解脱，就是对自己和孩子的一个巨大的解放，就是我们在寻求成长的路上巨大的进步。

所以，我希望以这样的心态面对亲子关系：

当我对生命有信心的时候，我就会对孩子有信心，我真的信任我自己，我也就能信任孩子。当我为孩子焦虑，我知道并不是孩子让我焦虑，而是我过去未释放的恐惧或者未疗愈的创伤让我焦虑。对此，我愿为自己负起完全的责任，我会去省察背后我信以为真的恐惧究竟是什么，借此疗愈自己。

　　我和孩子的关系是相处的关系，不是谁为谁负责的关系。所以，我努力的方向不是孩子达到我的期待，也不是我达到孩子的期待，而是如何温暖地相待。

　　我把明天的事情交给明天，我把未知的事情交给未知。我不需要辛苦地生活在对未来的谋划当中，我只考虑现在、这个周末、这个晚上、这个假期，可以和孩子怎么过，我们可以怎么相处，我愿意怎么爱他。

　　我最大的责任就是此刻为自己负责，带着爱和孩子相处。无论明天孩子怎样或者我怎样，我此刻能做的最好的、最满足的事情就是平安、温暖地和孩子在一起。

接纳的常识和建议

没有人能时刻接纳自己

没有什么是不能接纳的，包括"不接纳"的状态本身。

在世间，并不存在时时刻刻都接纳自己的人。我们的父母过去并没有能力完全接纳我们，此刻的我们也很难完全接纳他们，尤其是当我们和他们密集相处的时候。我们和孩子的关系状态或许会有很大的进步，但出现不接纳的心情，也在所难免。所以，我们无须给自己定"完美"或者"够好"的目标，尊重自己也有不接纳的状态，基于爱去学习和尝试接纳自己和他人，就是我们的"满分"。

我们内在的爱从未离开过，包括我们自己在内，每个人都在力所能及地活出自己的最好，不管现在处于认知的哪个层面，不管是否能恰当地应对生活的具体问题，都值得我们以纯良的心意，致以尊敬。

不接纳的背后是恐惧和需求

我们探讨"接纳"，实际上是化解不接纳。因为当没有不接纳时，接纳自然就呈现了，就像爱一样，当我们没有障碍、怀疑时，爱自然就呈现了。

任何"不接纳"的背后都是恐惧和需求。我们并不是总能一下就认出那个恐惧，我们通常感到的是需求和期待。恐惧越大，需求或期待就越强，从而产生对自己或他人的催促、驱迫和"恐吓"……比如"如果你再不怎样，你就糟了"。

绝大多数人在大多数时刻，都处在对自己的期待和驱迫中，一个目标不顺利，心就沉下去，一个标准没达到，就自己内疚。即便目标达到了，一个新的目标很快就产生，一个新的期待马上就升起，一个一个，没有停歇……害怕失败，害怕搞砸，害怕被怪罪，害怕自己因为不够好不被接纳。我们的焦虑和疲惫，我们的混乱（因为常常有不同的目标和标准），我们的退缩、逃避等就因之而来了。

当我们实在难受、实在搞不定的时候，我们就会自然地把来自挫败的愤怒投向别人。投向父母，你们当初要是能如何，我今天不必受这么多的苦；投向爱人，你怎么就不懂我，怎么就不帮我，你自私你冷漠；投向孩子，你怎么就这么不听话，我都心力交瘁了，你还这样不懂事。

没关系，谁没演过这些戏码呢？这些人生剧情的出现并不是问题，关键在于我们如何对待。

可以确定的是，我们并非别无选择！改变也没有我们以为的那么难，可能一开始很不熟练，但并不是那么难。

除了恐惧，我们可以选择爱，任何时候、任何节点都可以选择爱。

比如孩子不想去幼儿园，如果我在恐惧里，我就会想，这怎么行，我得想办法去改变。如果在爱里呢？如果我们不让自己继续在恐惧和担心的频道，而进入单纯的爱呢？如果我们不用过去的经验推测孩子的行为可能会怎样（这是很普遍的惯性错误），如果我们毫不挂虑孩子的明天，只是关注当下，会怎样呢？

现在孩子不想去幼儿园，我们会怎样？我们会关心，会先让孩子安心，然后去了解他。比如："宝贝，我不会勉强你，你也不必勉强自己，告诉我为什么好吗？""说说你怎么了好吗？你经历了什么？你感受到什么？"

这样做，孩子依旧可能不去幼儿园，但去不去幼儿园并不真的是问题。但是，孩子更可能会去幼儿园，因为幼儿园比家里丰富，至少有那么多小伙伴，孩子和孩子在一起，常会比和大人在一起开心，如果他没有进入社交恐惧的话。

期待别人变得更好并不是爱

想要改变一个人并不是爱，期待一个人变得更好并不是爱。如果你有信任，你就不是想改变他，而是相信他会改变；你就不是期待他变得更好，而是知道他本来就很好，如果他呈现为"不那么好"，一定是有什么阻挡了，你关心那个阻挡，而不是矫正他的行为。

一位母亲问我："接纳孩子是接纳孩子所有的感受，而行为是有限制的，这样对吗？当我不接受孩子的行为那我怎么跟孩子说呢？接受感受而不接受行为，孩子会不会困惑？"

行为和感受都属于表现的层面，它们是果而不是因。我的关注是孩子的动因。我相信孩子和我一样是纯善的、积极的，就像一颗种子一样。

如果出现"问题"，我会关心他的爱被什么阻挡了，他在呼求什么。任何愤怒背后都是爱的呼求，任何"问题行为"根源都是爱的缺乏。我的工作层面在于响应他的呼求，在于让他感到自己的可爱和充满爱。

现在，回到主线上。除了恐惧，我们可以直接选择爱。在任何时刻都能。在我催迫自己的时候，我懂得叫停就是爱；在我批判自己的时候，我选择体谅和信任自己就是爱；在我期待别人的时候，我尊重别人的自由就是爱……

接纳本身就是改变

有一个误解是：如果我都接纳了，是不是就不那么进取了？

前几天，一位天津的朋友问我："接纳孩子我理解，对'接纳自己'，一直有一个疑惑，因为心理学上有两种说法，一是要接纳自己，一是要改变自己，改变自己是对孩子最好的教育，如何看待这两种说法呢？”

接纳在某种时候意味着说“OK”，意味着“既往不咎”，意味着过去的都不说了，我只关注现在我自己想要什么和自己可以怎么做。你说“OK”说得越彻底，你就越不受过去羁绊，你就越能轻松上阵地做自己，“毫无过去”，就是活在当下。如果你说这是接纳，当然可以。可是这是不是改变呢？显然也是，而且是很高级别的改变。

接纳是不为过去羁绊，当进入这种状态时，我们内在的生命力会更清新、更充沛地展现，这时候我们就进入一种新的层次和能量，这才是改变的本然。而纠缠过去、出于催迫而去改变，还是在恐惧的能量中，从这个意义上讲，只有接纳才能带来真正的改变，接纳本身就是改变。

关于接纳的三条建议

1. 从期待接纳转为给出接纳。期待接纳是个陷阱，实际上是我不接纳“别人不接纳我”，我给人家的是不接纳，却希望得到人家的接纳。

2. 不接纳背后都是某个需求依赖对方达成，所以才反对“对方现在的样子”，而要对方达到某个特定的样子。若没有需求，便没有反对和不接纳。

但是去觉察这个需求并不是人们习惯性的方向。人们太习惯按照需求去达成目标了，不喜欢、不习惯回看自己的需求。

比如：我希望孩子成绩好，背后可能是父母因此才能感到安全，感到体面，感到希望等，这些需求都是父母的，但人们通常不会觉察这些，而认为这是天经地义，自己理直气壮。觉察水平低的父母期待越高，需求越切；觉察水平高的父母期待越少，需求越松。达到完全无需求，便进入全然的爱和接纳。

现在，让我们放下过去的认知，开放地想象一下，有一个声音对我们说：

亲爱的，你在就好；亲爱的，是你就好；亲爱的，我无比看重你，但对你毫无期待，我就是信任你，没有什么能拿走我对你的信任，即便你不相信自己，即便你挑战我、怀疑我，我对你的信任看重不会丝毫改变，也正因为我信任你了解你，所以我根本不需要期待，我知道你一定有自己的考虑，有自己的节奏，有最适合你的过程。

3.学习一下，再不为别人怎么样负责，只对自己怎么爱他负责。这个"别人"包括任何人（自己、孩子、父母、先生等）。

任何情境下，只需要去单纯地想：如果爱，我会怎么做。不用担心做错，不用担心自己不知道，我们的内在智慧是一样的，只要去向内感受和询问，就会收到那种由内而发的爱和信心，整个人都会感到特别对劲。

开始的时候不顺利是正常的，生疏、迟疑是正常的。但，勇敢些，直接和爱在一起，不要再和那些由过去某种价值观产生的需求在一起，只是单纯地出于爱意，相信我们的内在智慧会指引我们做出正确、务实、真正有利于全体的选择。

对此，我们与其用头脑辨识，不如敞开体验，因为头脑的路很漫长，心的路程瞬间即至。

Q 问答录 A

如何处理教育孩子方面的分歧

Q: 如何接纳家中成员对于教育理念的分歧？感觉我们超前的理念有时候会成为家中争吵的导火索，引起家中的战争，这样似乎也不太利于孩子的成长。

A: 请信任。信任孩子自己会照顾自己，自己会整合。他的生命并不取决于我们的引导，而取决于他自己的选择。相信他有这样的适应力、整合力，即便他受到所谓"不好"的影响，他也有无数修正的机会，就像我们一样。

另外，懂得尊重。尊重别人的现状，尊重别人的价值观，不要企图达成一致。达成一致就有改变别人的意思。既然父母和我们生活在一起，我们就尊重他们按自己的状态来活，可以分享自己的观念，选一个好的时机，以尽可能好的方式，但是不要期待去改变他们，请尊重他们。

无论自己是否做得够好，永远不需要内疚，无论他们是否符合我们的期待。接纳自己不能满足孩子的所有需求，接受孩子会失望。同时，也尝试认出并信任自己对孩子的爱，尝试信任孩子能从不完美的生活中学习和调整，发展出适应和照顾自己的能力。

我和父母很客气，这正常吗

Q: 我最深的感受是和父母不亲，就是彼此之间很客气的状态，我可以怎么做？

A: 我希望你放下对理想父母的幻想，放下对家庭应该怎么样的假设，任何状态都是正常的，亲子关系本质上就是一个人和另外一个人的关系。如果你可以和学校里的某位老师不亲，如果你可以和单位的某位领导只是客气，那么你和父母也可以。他们都是某个环境，家庭和其他环境一样，都是一种环境。

放下参照、假设、标准，不要对家庭有特别的期待。家庭不必然代表温暖，代表伤害的时候也多的是；家也不一定代表连接，没有连接的家也多的是。

如果和家人不亲，但是你有非常亲密的朋友，那就可以。如果父母没有给到你的爱，你的某位师长、某位伙伴，某个特殊环境中的某个人给到你，那就可以了。不要再把父母看作我们获得爱的源头，这是一个误区。家庭并不是我的根，我的根是生命本身，不是父母那对普通的世间男女。放下集体无意识中的伦理标准，放下角色、义务，愿意力所能及地对父母友善就足够了。

改变自己就够了

Q: 冲突是两个人的事，仅我自己改变够吗？

A: 够。《一念之转》的作者拜伦·凯蒂觉醒以后，家里什么也没有变，丈夫还是不时粗鲁地呵斥她，但是她发现，自己已经不会被激怒了。冲突并非两个人的事，对于冲突的各方来说，都完全是他一个人的事，只要他不想冲突，冲突就不会再继续。

我发现生活中的冲突通常有三个阶段：

第一个阶段，"都是他的错"或者"都是因为他如何"，会难以遏制地愤怒和指责，会想追究；

第二个阶段，"我们各有各的责任"，追求公平，我负起自己的责任，你也要负起你的责任，这时候自己内心会不甘、观望，会对别人有期待；

第三个阶段，我负起自己的责任就好了，我不再关注于指出对方的责任（指责），不再特想告诉对方应该怎么做（教人），除非对方主动来倾听，我只为自己负责。

通常来讲，第一个阶段我们内心是最不舒服的，自己对主权拥有指数几乎是零；第二个阶段内心比第一阶段宽广多了，但还有不舒服，主权拥有指数大概是百分之五十；第三个阶段内心释然，无怨无尤，坚定而真诚，主权拥有指数百分之百。

什么叫"主权拥有指数"呢？简单来讲，就是你内心被对方牵动多少。你内心被对方牵动越多，你的主权拥有指数越低。因为主权的含义在于你可以做决定，如果你觉得被牵动、心不由己，那常常意味着你还不知道自己的主权在哪里。

第三个阶段需要我们更多的觉察和爱才能抵达，但人人都可以抵达。

有人或许担心，如果我为自己负责了，对方不为自己负责怎么办？是否会对我更不利呢？这样的担心本身就说明当事人未曾到达过第三阶段，即便他言行上不再指责，内在还是有怨尤和期待，这并非真正的第三阶段。当你全然负起自己的责任，别人就会负起他的责任，即便对方不是马上如此，他也在这样的方向上，而我们在心甘情愿只对自己负责的氛围中，无形中就在给对方尊重和爱，这会自然地支持对方在为自己负责的进程中加速。

不要去改变别人，即使出于善意

Q:　难道出于善意，也不能去改变别人吗？

A:　出于善意改变别人，常常暗含"玄机"：一是"善意"是你以为的，并不一定是适合对方的，即便你是对的，如果对方还没有准备好，也不适合；一是表面上是为了别人好，其实是想通过别人的改变来满足自己的隐性需求。如果你相信对方会为自己考虑会爱自己，你的善意就不会那么急切，不会带有强迫性。

无论如何，永远不需要去改变任何人，做好自己就够了。出于爱去告诉对方你看到的、理解的和希望的，不期待对方认同，不期待对方接受，不期待对方因为你的告诉而达到什么结果，更不需要用对方的表现来确定自己的价值。

如果你心里有不舒服，对外界有不满意，你改变自己就好了。

看到不喜欢的人，就从他身上学习他的反面，感谢他生动地教给你；看到喜欢的人，就把你的欣赏之光照进自己，相信自己内在"有"才能看到对方的好，即便只是种子还没长成树，感谢他来照见你。

不喜欢可以离开，但不需要去怨责别人不够好；喜欢就表达，不管对方怎么回应你的喜欢；担不起来你可以放下，不必怨责担子重，也不必怨责自己肩膀薄；放不下就忍受和积蓄力量，而不必怨责情况复杂并对自己不依不饶。

不需要改变别人，尤其是亲近的人，父母、伴侣和孩子，抑或重要的朋友或同事。你若想改变他，你就是在向对方索要了，潜台词是"如果你能改变，我就会好过"，说出来的是"我这是对你好"。比如你希望对方戒烟，你说"我管你是为你好"，可更深的驱动力经常是，如果你戒烟，我就不用闻讨厌的烟味；如果你戒烟，你就会健康，我就有一个健康的老公。再比如希望退学的孩子重新上学，表面是"我为你的将来着想"，更深的驱动力经常是：你不上学我很难受，我很害怕，我很担心。

所以，为自己负责，不要改变别人，比如老公吸烟，你很喜欢这个人，但很不喜欢他吸烟，那你做一个取舍。如果是喜欢那部分大，就告诉他："我讨厌你抽烟，可是我太喜欢你了，你已经好到就算抽烟我也愿意在你身边的程度。我爱你。"请放心，当老公感到你这样的接纳和爱，他会更爱自己也更爱你的，而吸烟也不过是他爱自己的一种选择而已。

没什么比诚实更重要。你只需要诚实，对女儿讲：孩子，我发现不上学你更快乐和放松，上学我更快乐和踏实，我决定为我自己负责，我不违背你的意愿来借用你，借用你让我自己快乐和踏实。我相信你爱自己，我相信你知道为自己负责，即便困惑你也会继续寻找和你相匹配的路以及令你愉快的走法，我不再打扰你，我会托举你。作为你的父母我会承担你成长、探索的时间、经济和风险成本，但我不再打扰你。谢谢你是我的孩子。

如果试图改变别人，我就想我是不是在借用别人。如果是这样，那代表我对自己没有信心，我要依赖别人来让自己满足，无论是安全、快乐还是价值感抑或其他的满足。也代表我不知道自己是谁而要通过别人来确认，否则我去做自己就好了，为什么去烦扰别人？我是自由的，我可以选择我的环境，选择和谁在一起，选择怎样让自己更舒适甚至更兴奋，对于那些不能选择的，比如父母和子女，我就相信那是存在的安排，我愿意花时间和智慧去看我从中可以学习到什么，看我可以做出什么自我改变来让自己更愉快、轻松乃至庆幸。

想要改变别人不是不可以，但改变别人最好的方式就是不想去改变他。你改变他、教他，除非他有意愿，否则你就是在贬低或打扰他。你接纳他、爱他，他反而会变，尤其是你无论如何都爱他的时候。

想改变别人的人也会创造想改变他的人，这样两个人就彼此指责、充满纠结。这是非常耗费能量的，因为两个人输出的都不是滋养的能量，而是牵制的能量，常形成旋涡，两个人都很不快乐地牵着手往下落。这样的关系中，只要有一个人改变，这个境况就会改变。当一个人只是做自己，那么对方就不被打扰，而且多了一个为自己负责的榜样，他就更有空间和时间了解自己，也自然试着为自己负责，因为那是人的本性。

什么叫为自己的期待负责

Q:　情绪和期待是什么关系？什么叫为自己的期待负责？

A:　所有的情绪都和期待有关，满足则高兴，不满则……发现没，"不满"这个词本身已是一个情绪词语，所有看似负面的情绪，悲伤、愤怒、嫉妒、焦虑、厌烦、空虚……没有一种不是因为某种期待不满足而起。

　　无论对人、对己还是对什么事，看重但是没有期待的状态是最好的。看重本身含有爱的滋养，会给予动力，没有期待就没有压力，没有压力就会自然顺畅。

　　对多数人来说，在进入"看重而无期待"之前，需要先了解期待本身，了解期待属于自己，了解自己对期待的主体性，否则眼光总是向外，无法连接到自己的力量和智慧。

　　"期待是自己的"有很多内涵。其一，因为期待是自己的，不是别人的，所以，别人没有义务满足我，任何人，无论是伴侣、父母还是孩子，当然，我也没有必然的义务满足他们。这并不是冷漠，相反这是自由和爱。我和每个人一样喜欢"没有任何义务满足别人"时的轻松和自由，同时我会尽量满足别人，因为我对人是有爱的，当我有益于别人，会有一种从内心深处涌出的快乐，而我越体会到这种原始的动力，我也就越信任别人也是如此。

　　别人的期待有可能给我带来压力，乃至破坏我的内在动力，但我必须因此产生自我期待，别人的期待才可能影响到我。要不要把别人的期待转为自我期待，我们是有绝对主权的，尽管我们常因为惯性而忽略它。

　　生活中，大部分的人际关系都是建立在互相满足期待的基础上的，如果不能满足对方的期待，就会害怕关系被破坏，害怕对方不再爱我们。对此，我们可以做一个决定，和人的关系建立在爱上，而不是建立在期待上，如果别人能满足我的期待，那太好了，如果别人不能满足我的期待，我还是爱对方，如果对方因我没有满足他的期待而失望而怨怼，我还是爱对方，我尊重对方当下是这样的状态，但我还是可以爱他。当我们全心全意给出这样的态度，别人必然（未必是马上）以此回应，这样，一种以爱连接而不是以期待捆绑的模式就被启动了。

　　其二，因为期待是自己的，所以我对它有义务。所以，我不会进入"你爱我就该懂我"的游戏，我知道我的期待是独特的，是基于我个人的价值观和感知模式的，若有人在我没有表达之前就体会到我，那真是太让我感动了，我可不会把这看作平常的情况，更不是"对方应该"。

当别人没有注意到我的期待的时候，我不会觉得对方不重视我，不会觉得自己不被看重，我会考虑要不要表达，因为"期待是自己的"，需要负责任的是我自己。当我表达后，我相信对方和我一样有"益于他人"的动力，同时，我也知道每个人都有自己的价值观和需要，并且处于某种具体的状态中，所以我会很感谢别人重视或者满足我的期待，但不会介意别人的不愿、不耐烦，甚至对我指责，我知道如果对方因为不能满足我而感到很大压力，他就很容易指责我不该那样期待他。

其三，期待是自己的，代表我可以了解它，并对它做决定。能够满足不必说了，不能满足时，我可以考虑调整，是否有必要降低或者放下。

通常来讲，放下一个期待很难，但这只是因为我们缺乏对期待的穿透性认识。此时，我们不需要努力去放下，而可以关心和询问。比如"我为什么会有这样的期待""这个期待背后我真正想要的（或真正怕的）是什么？""如果这个期待实现了，那么我感到最大的满足是什么？""我对于……的需要是真的吗？如果不是，我为什么会这样？"……这样的需要没有批判、成见的同时还要带有信任和爱，也需要较高的洞察力，若一时无法对自己做到，可以求助。

总之，任何具体的期待背后都有相应的信念和价值观，若我能识别出这些，便可以重新选择，而不会陷入一种欠缺感，不会受制于期待的强迫性。强烈或狂热的期待背后通常都包含我默认已久的、不易觉察的错误认识，一个重大的转机和决心往往要依靠某次剧烈的受挫来达成。

我相信，无论什么样的期待，最根本的一定是对爱的渴望，当我能认出别人对我的爱，当我能给出自己的爱，当我感到自己就是爱，一个具体的期待便不存在了。尽管我还不是经常体验到这些，但我相信它是真的。

如何不做"受害者"

Q: 孟迁，我发现自己有"受害者"心态，总觉得别人对不起我，觉得人生太不公平，觉得自己好无奈、好可怜，请帮我看透这种心理迷雾好吗？

A: 没有什么比"受害者"的自我定位更好的了，如果你想折磨自己的话。

　　你若是"受害者"，你当然就是弱小的，所以别人才伤害得了你，而你没办法，因为你弱小。你或许会觉得，今天的不幸、不安，都是因为过去，尤其是你幼年受过的那些不公正、缺乏爱的对待，倘若如此，你就把当下看得太弱小了。你的过去非常强大，而你的当下不算什么，只能承受，不能选择和改变。

　　你若是"受害者"，你不可能不报复的，无论是哪种形式的报复，而你所有给出的攻击终将回到你身上，让你更加难以忍受。你先"受了害"，所以你攻击，然后你又担心别人会更恶劣地对待你，于是，一个恐惧和怨恨的罗盘被转动起来，无法摸到并抓住爱与信任的缰绳。

　　你若是"受害者"，你是不可能不去拯救别人的，是不可能不去"主张正义的"，前者让你无意中担心和小看别人，后者让你启动另一个怨怼的罗盘。你把自己的责任置于身后，所有的力气用来解决面前的问题，你投射出的问题，你想改变别人，改变妈妈，改变孩子，改变老公，改变兄嫂或其他形形种种被你认定需要拯救的主角，却怎么也改变不了。拯救和帮助不同，帮助看重对方的需要，拯救着眼自己的期待，帮助是放松的，是"好呀"或"好吧"，拯救是紧张的，"如果不怎样，就坏了"。即便做同样的事，两者的味道也截然不同，因为帮助背后是爱，拯救背后是恐惧。爱没有怨尤，拯救不成却会恼怒，一方面怒斥对方，一方面自己内疚，说穿了，拯救别人，不过是过去的某种痛苦和恐慌尚未释放而已。

　　每个人都在某种程度、某种时刻、某种情境中认为自己是"受害者"，否则我们早就自由了，早就拥有本属于我们的一切美好了。

　　不做"受害者"的关键在于掌握自己的主权。相对于过去，你的主权在当下；相对于他人，你的主权在自己；相对于外境，你的主权在内心。

　　过去是无法和当下对抗的，因为过去是假的，过去的力量全在于你当下的赋予，过去的强大全在于你无视当下的主权而任凭过去，如果关掉"因为过去"的闸门，只是关注当下的愿望和选择，你会发现清明、简单和能够。

　　别人是决定不了你的，除非你无视自己的主权，而以别人为起始动力。就算别人看起来"非常不爱你"，你还是可以选择要不要去爱他。如果你抱定"他这样对我，我凭什么爱他"而选择不去爱，这看似公平，却把自己陷入不爱的旋涡；如果你抱定"他怎么对我是他的事，但我选择爱他"，这不仅是拥有主权，而且会启动爱，不一定对方马上以爱回应（但长期看是必然以爱回应），但是你的整个生活会有大量的爱进来。爱就是这么奇怪，你给出才拥有，你索要就消失。这并非世间的交换，而是爱运作的法则。

索要爱和吁求爱是不同的，吁求爱是"我需要被爱，请爱我"，索要爱是"你该爱我却不爱我，滚！"前者直接表达需要，是带着信任的态度的恳请；后者表达愤怒，带着不信任的指责。前者没有强迫性，是单纯的恳请，如果对方不能满足，会给出接纳，潜台词是，这不是很正常嘛，我也不是时时能满足你的需要呀；后者是处于某种角色前提的强迫，比如"你是我妈呀""你是我爸呀""你是我老公呀""你是成人，我是孩子呀""你是老师，我是学生呀"。

所谓外境也不是能决定你的。除了关系、金钱、事情之外，年龄和身体状况也属于外境，它们同样不能决定你。这有两种含义。其一，境随心转，一个人内在的状态改变了，他的境遇也会因之而变。有一位朋友，她觉得丈夫和孩子都不懂关心她，很生气，给我打电话。孩子本来刚刚和她怄气来着，可是通完电话后，她的心态放平了，孩子居然过来很温柔地问："妈妈，你现在还生气吗？"其二，所有的事情本是中性的，我们所受的影响并非来自外境，而是来自我们赋予外境的意义。比如前几年社会上的当街砍人事件，我的朋友说，哇，太可怕了，我要移民；我说，哇，这社会太需要爱了，我要好好做自己的工作。在赋予事情意义上，我们有绝对的主权，真正影响我们的乃是我们赋予的意义，当我们对一件事情有感受时，我们已经在因过去的认知赋予意义了，如果我们没有觉察，就会一直受到类似的影响，但如果我们觉察到其后的信念，我们就能重新赋予意义，我们对事情的感受和应对自然态度也不同了。

责任意味着主权而不是惩罚

Q: 为什么我身边的人不懂得为自己负责？究竟是什么阻挡了一个人为自己负责呢？

A: 每个人都在用自己的方式为自己负责，真正的问题不是"为不为自己负责"，而是"如何为自己负责"，这取决于一个人在多大程度上感知到自己的主权。

一个人感知到自己的主权就会自然地为自己负责；一个人感知不到自己的主权，就会觉得主权在他人或者外在境遇那里，这正是一个人指责、抱怨和担心的原因。认定"我的痛苦不是因为我自己"是一种隐蔽的自我障碍，好处是"我不必看自己"或者说"我不必真的看自己"，不必"认错"和改变，这看似给自己提供了保护，但实质上却把自己置于无力和被动的"绝境"。

生活中，人们对责任的感觉大多是不好的。比如问责常是和惩罚联系在一起的，问责的过程就是定罪量刑的过程；责任也经常和恐吓联系在一起，"如果……，你要负责任"，"你不可以如何，否则后果自负"；责任也经常和义务联系在一起，比如"这是你的义务和责任"，意思是你不能不做，你必须做；责任也经常暗含贬低和指责，比如"这个人太不懂为自己负责任了"。这样一来，人们对责任的感知就被扭曲了，然而，对责任的感知就是对主权的感知，一个人如果对责任的感知被妨碍，他对主权的感知同时也会被妨碍了，于是，一冒出"责任"这个词，人们首先想到的是担不担得起，导致因为害怕而退后。

然而，这不是责任的本质含义，责任不是"你不可以如何，否则后果自负"，而是"如果你愿自负后果，你当然可以如何"；责任的本质不是追究，而是自主和权益。就像这个房间是我的，我说了算，乱成垃圾站和优雅舒适都是我说了算，这是主权；这个房间供我使用，休息、温暖、安全、安静、邀请、分享等，都是本属于我的利益，所以，我好好地打点它爱它。这才是负责任的自然状态，它不该是被迫的、被要求的，它是出于内在的动力，是出于觉知后的当然性的甘愿。

所以，任何时候当我说"这是我的责任"，它不该被感知为这是我的错，我应该被贬低或者惩罚，而是，这是我的主权。比如，当我说所有的不安均属"自创"，这不该是"我自寻烦恼，我活该"或者"脚上的水疱都是自己走的，怨不得别人"，而是说既然所有的不安都是"我"创造出来的，那么，我也能收回来。

如何让自己变得有主见

Q: 我觉得自己太没有主见了，请问如何改变？

A: "没有主见"是不可能的，因为只有你的意志才是自己的主人。这不是个观点，而是一个事实。

当你觉得自己没有主见，自己无法做主或者不知如何做主的时候，实际上是你做了这样的主：我无法依靠我自己，我要依靠外在。你的意志如此强大，以至于如果你不重新选择，没有任何人能改变这一点。

当你觉得自己没有主见，问题不在于你的感觉很真实，而在于感觉背后的信念很荒谬：别人比你更有力量和智慧，别人比你更了解你。这是很不公平的。

如果你选择了这样的信念，不管需要多久，不管经历什么，你终究会失望的，那时候你的第一反应会是"为什么他不能……呢"，然而问题不在于他的不能，而在于你本就不该以为他能。

最有力量和智慧的，最能了解、照顾你的，最全然、最恒定、最无条件爱你的，是你自己的内在。没有任何人能代替你的内在来满足你，和自己的内在连接、合一是你自己的责任，而且是唯一的责任。

你的内在不是你的人格，人格是你作为一个人所有体验、认知和决定的总和，你的内在是人格之下你作为生命的属性，这个属性被称为神性、自性、佛性、灵性……

任何人的人格都是美善和罪咎兼具，美善是自性的映照，罪咎是小我的反映。只要是人，两者必然共存，两者的比例可以改变，但是无法彻底且恒定地如一。作为小我的部分，我们的人格不乏漏洞，匮乏感、被剥夺感、孤立无依三种痛苦不时来袭，自我卑微、自我催迫、内疚以及怨尤别人，也如影相随，无论我们多么努力地修正自己、成长自己，纵然会好过一些，但终究无法彻底避免。

所以，问题并不在于处理自己充满漏洞、匮乏的人格，而在于不把这个人格认同为自己。如果我们选择把这个人格当作自己，我们会创造所有相应的体验，而且不容置疑，因为称得上信念，必然自证。这就是你无法用填补来满足匮乏感的原因，当你认为自己匮乏，你就在创造自己的匮乏了。对于人格漏洞（或创伤），对于匮乏感、创伤感，最好的方式就是告诉自己"这又不是真的"。这不是说你硬要否认自己的感受，或者对抗自己的状态，而是你给自己的内心开一道门：那个不变的自性才是真的我。

打一个比方，人格好比冰山，自性好比大海。当我们把自己当作人格的时候，我们会觉得岌岌可危、摇摆不定，又自成一体（自圆其说）、坚不可破（很难改变）；当我们把大海当作自己，那冰山就影响不了我们什么，甚至可以被我们利用。

我们的状态总在变化，当在清明和平安中，我们就尽情地活出生命之爱；当处在人格的黑洞里，我们就带着跳脱去接纳，笑一笑说，没关系，这又不是真的。无论多么痛苦、黑暗或混乱，只要我们知道这不是真的，我们就不会沦陷。当然沦陷也不用怕，因为清明会再次来临，我们也终将学会生活在清明之中。

回到最初，我们首先要明确希望不在于别人，别人是我们的资源而非依靠。尽管我们可以拖延甚至后退，但我们终究必须倾听和信任自己的直觉才行，我们一次次地鼓起勇气去尝试我们未曾真的尝试的，信心就会一点点增加，增加到一个程度，一切就不再是问题。

如何疗愈童年创伤

Q:　孟迁，我的童年物质上蛮殷实的，然而，父母关系很糟，爸爸工作很忙，很少在家，在家时也很严肃，我至今不知道如何和父亲亲近，妈妈则很强势，典型的高要求、强控制，虽然我成绩一直很好，但我总感觉自己不够好，内心常年很紧张，请谈谈如何疗愈童年创伤。

A:　亲爱的朋友，无论生在什么样的家庭，我们都会有各自的童年创伤，每个人的痛点不同，但都会有心理创伤。对此，通常有四个步骤是可以走的。

第一步：承认那个不公和困难。

为当初那个受伤的、委屈的小孩"平反"，剥落那些父母对待我们的不当态度或评价。这个过程可以充分地释放自己的情绪，但方向不是追究父母，而是和自己的纯真连接，重新拥抱自己童年时出于天性的爱。

比如，那时候你很渴望和父母轻松自在地相伴，很渴望父母之间的和谐与互爱，很渴望自发的探索，不喜欢被母亲催迫和要求，肯认自己当初的吁求，肯认自己值得被温柔地对待……释放情绪时，不用避讳愤怒和怨恨，就算是仇恨也不必怕，充分地去怒，去怨，毫无阻挡和害怕，然后被怨覆盖的爱就会涌出来。

不要直接面质父母，可以对咨询师控诉父母，可以在镜子面前控诉父母，但不要直接这样对父母。对于父母，我觉得最大限度的话是：当初你那样做，我真的很受伤，现在想起来，我还是很委屈。面质常会引发父母出于防卫而对孩子再次指责，或者父母陷于沮丧和内疚，这对双方都没有帮助。

总之，这一步就是承认那个孩子遭遇了不公，为他平反。不必压抑愤怒和怨恨，愤怒到极致就是悲伤；当悲伤来临，接纳也就开始了；当接纳开始，爱也就产生了。因为所有的怒和怨，不过是求爱不得罢了。

第二步：欣赏和感谢自己活下来。

想象一下那个孩子，忍受了那么多，承受了那么多，委屈了那么多，压抑了那么多，孤单了那么多，无奈了那么多，痛苦了那么多……终于活到现在，得以有机会觉察和疗愈，得以有机会做自己，这是那个小孩子的伟大成就。

我头脑中有一个画面：一个士兵受伤了，他都不能走了，只能忍着伤痛一寸寸地爬，一段段地挨过来，经过荆棘，经过沼泽，经过黑暗，那么久，那么远，终于来到一个安全的地方，他救了自己，他是一个英雄。他所有的努力和牺牲就是为了活下来，而他做到了。

我们同样欣赏那个小孩子是如此顽强、执着，感谢他一路的辛苦和努力……对那个小孩子来讲，他是没有可能对抗环境的，他能做的最好的事情就是让自己活下来。如果享受这个"活下来"的话，那么完全有理由去给那个孩子充分的欣赏和感激；如果不愿意、不屑于看"活下来"这部分，那就不是任何人的不公平，而是自己对自己的不公平。

第三步：宽恕。

首先是宽恕父母的不知和有限，相信他们在心灵深处是爱我们的，相信他们不是存心的，相信他们自己也在痛苦和有限中。宽恕他们没有机会了解爱的真谛，宽恕他们没有被足够好地爱过，相信他们的所作所为都是他们曾遭遇的态度，而且是其中最好的，甚至是他们出于爱而改良过的；不需要再像小孩子一样找他们讨要爱，而是作为一个平等的人去给出爱，给出谅解，给出放下……我们现在比他们更强大，认知更高，能力更强，也更有机会学习和觉察。当我们真的站起来，我们就可以去爱他们，首先是原谅和尊重他们。

其次是宽恕自己。宽恕当初自己没有能力照顾好自己，没有能力给自己安全、自由，宽恕当初不懂得或者不敢为自己说话，宽恕自己作为一个小孩子的有限。

宽恕自己为了适应环境而压抑、隐藏自己甚至使自己变形了，宽恕自己因此而积累了大量的情绪，以至于迁怒他人、烦躁不安；宽恕自己接受了那个环境错误的教导和暗示，而妄自菲薄，认为自己不重要、不够好，认为自己不配得；宽恕自己没有能力去认识、觉察和摆脱那些困境、孤独和害怕；宽恕自己在那个环境无从学习自爱、自尊和自我安慰，而经常与自己作对，经常对自己批判甚至苛责；宽恕自己习得了不好的观念和模式，无论是思维模式、感受模式，还是行为模式；宽恕自己因为无法消化自己的情绪而对别人不公，给别人带来压力、焦虑和痛苦；宽恕自己内在的不和谐；宽恕自己就像腿受伤了一样一瘸一拐地活着。

宽恕了自己，就可以宽恕别人；不去看任何人包括自己的不好和错误，只去看美好的和出于爱的。

第四步：我是谁。

不管你做什么、说什么，你都在向世界显示你把自己当作谁。

当你抱怨、愤怒的时候，你把自己当作了谁？

当你孤单、害怕的时候，你把自己当作了谁？

当你认为只有别人改变对你的态度你才能快乐和满足的时候，你把自己当作了谁？

如果你喜欢把自己当作受伤的小孩，或者把自己当作无力的小孩，或者把自己看作一个弱女子，又或者把自己当作一个男子汉，那是你的权利，也是你获得痛苦的途径，你有权这样做，你有权终其一生这样做，只要你愿意。

同样，你也有权把自己看作一个成熟而为自己负责的人，你可以尊重自己，陪伴自己，热爱自己，安慰和支持自己，可以从伤痛中获得钻石，从困难中蜕变成熟，即便你不习惯、不熟悉这样做，你也能学会，一定能做到，只要你愿意。

同样，你还有权从更高的层面感受自己：你本是一个生命，无瑕、自足而圆满的生命，那些经历、感受、观念都不是你，你经历这些但这些不等同于你，你是一个舞台，上演过悲伤无助的戏剧，如果你愿意你也可以邀请喜剧上台，你是唯一的主人，你可以呈现、经历和拥有这些。你可以把悲剧当作一个张力和伏笔而重写你的剧本；你可以毫无评判、完全接受地欣赏舞台上的任何呈现；你可以和任何一个场景在一起但又不属于它们，你可以有永恒的和谐，因为是你承载它们而不是它们束缚定义你；你可以永远地满足，因为你什么也不缺乏，什么也不会失去。

最后说明一下，这四个步骤看完只需要十几分钟，彻底完成可能需要一生。更重要的是，心中要有一个愿意前行的信念，有愿意逐步走的耐性。

"爱"与"父母"无关

Q: 孟迁，我和丈夫已经没有夫妻之感，很想离婚，可是担心离婚后，孩子缺乏父爱，总是不敢走出这一步。请问你怎么看？

A：离婚与否，我没有建议。但无须因你所述担心而不敢离婚，因为缺父爱或缺母爱，都是一个误解。其一，并非有父亲就有父爱，并非和父亲生活在一起就有父爱；其二，爱不姓"父"，也不姓"母"，爱与"父母"无关。且不说社会上发生的那些极端案例，什么父亲为了新的婚姻，把亲生孩子从窗户推下去，或者是孩子特别痛恨母亲，在机场用刀刺杀母亲，就说我们和孩子的关系，我们和父母的关系。在爱的状态里，你就自然爱了；不在爱的状态里，你是父亲也与爱无关，你是母亲也与爱无关。在生活里，父母不在爱的状态时，带给孩子压力、掌控、限制，那也是非常常见的。孩子不在爱的状态中，对父母怨恨、嫌弃也是毫不留情的。

实际上，强调"父爱"或者"母爱"的时候，恰恰忽略了爱本身。爱就是爱，它不需要被定义，不需要被分割，不需要被这样胶柱鼓瑟般地关联。相反，这种关联其实是小我思维的设计。跟父母关联的时候，它特别强调血缘的力量，其实血缘本身没有力量。我们觉得血缘很有力量、很有内涵，因为我们先把血缘当真了，我们形成了这个集体意识，然后才把亲情看得这么高，其实这是一个模糊的、大而不当的感情。把血缘当真并看得有力量，其实就是把生命等同于一具身体的体现。因为觉得自己的根基是一具身体，所以，认为父母才是我们的来处，因此他们就是爱我的，我就是可以依靠他们的。显然，这里面没有决定关系，有多少孩子千方百计地远离自己的父母？只因在家里的滋味太难受了。

血缘就是一个缘分，一个形式，你可以注入其中爱的内涵，但它本身不意味着爱或者不爱。小我把爱跟父母强行关联，其实是为了制造怨恨，因为这种关联就有强烈的期待，默认父母有责任爱孩子。

有多少人会想如果父母当初不讲那句话、不做那件事，那我现在就没有心理创伤，我现在就会好过很多？有多少人担心或者内疚，自己这么不完美，会不会耽误了孩子，甚至会给孩子留下创伤？这些罪疚感之所以难以辩驳，就是因为前面所说的小我的设计。同时，在这样的思维里，每个人心灵的主权和力量都被无形中否认了，每个人都成为原生家庭的受害者。

事实上，父母和孩子是平等的，他们都是力所能及地对待对方，没有人是完美的，没有人需要内疚。即便父母人性化指数很高，他们的修为、状态都很好，他们仍然是有限的，依然有他们顾及不到、支持不到孩子的地方，有他们不能够接纳孩子的地方。归根结底，向外在的关系汲取爱，总是不够的，向内在的自性汲取爱，则永不枯竭。每一颗心都会在某一刻懂得，外在的爱是一个支持，内在的爱才是自己的家，自性的爱才是我们完美的归属。作为一个人去善待另一个人，而不是作为父母或孩子的角色去背负或期待他人。力所能及地去善待，父母做不到时，不怪他们，自己做不到时，接纳自己，就是世间最美的画面了。

跋

未尽之言

1

我读初三的时候，最大的梦想就是尽快脱离农村，考中师是眼见的一条可行之路，但是，报考的名额是有限的，每个班只能有五个。我觉得班主任对我很好，而我的成绩也符合报考的条件，故而觉得自己能在名单之内。可是，事与愿违，名单里就是没有我。我不解、不平，去办公室询问班主任，班主任具体说了什么，我已经记不得了，反正就是五个名额里面没有我，而且不能更改。我清楚地记得自己当时穿的衣服、站在办公室里的位置。正午强烈的日光从门口照进来，而我的心里却尽是黑暗，强烈的不解、委屈和梦碎的滋味蜂拥而至，眼泪止不住地涌出来，眼前瞬间一片模糊。

几年后，我上了河北师范大学，非常庆幸自己当时没有进入那个名单。如果我没有进河北师范大学，我就遇不到陈超老师，没有他的思想启蒙和个人榜样，我不会有勇气辞掉大家羡慕的工作，投身自己喜欢的亲子教育。不随大流，依心而活，我之所以做得那么自然甚至当然，绝对离不开陈超老师的影响和河北师大的经历。可是，数年前的那个中午，那个乡村少年眼里的泪水也格外真实。这说明什么？说明那个少年并不知道自己的最佳利益。

2

这里有一栋居民楼。

一楼的夫妇想孩子考上清华就好了，结果差了那么十几分，只好上了北理；

二楼的夫妇想，孩子去上学就好，别天天在家就行；

三楼的夫妇想，孩子上不上学都行，别动不动就抑郁、拿刀片割自己就行；

四楼的夫妇想，抑郁是可能好转的，可是自己智障的儿子，却永远没有成为一个"正常人"的可能；

五楼的老人想，女儿精神病就精神病吧，儿子弱智就弱智吧，自己给他们买好保险，留些存款，平时就按他们喜欢的方式照顾他们，闲暇时写写小说，小说叫《禁地青春》，还被拍成了电视剧。

这层楼里的居民，前四层楼的都是我从具体的生活经验里抽象出来的，而第五层的老人，是真实存在的，他的名字叫：魏世杰。

3

去年我开办了"死亡与疗愈"的工作坊，就在工作坊正式开始前的晚上，两位朋友发生了不快，一位朋友是这次工作坊的主办方，一位朋友是相识十多年的老友。老友回到房间后情绪很大，哭骂交替，声音大到整个楼道都听得见。我尝试沟通无果，就进到斜对门另一位朋友的房间里，我有点不知如何是好，就问这位朋友（她也是资深的疗愈师）我可以怎么做。这位朋友说，你不要紧盯着问题，你被她们的情绪牵动，太入戏了，你不妨先安定自己。于是，她就带我一起静坐，并给我做了一小段冥想，我慢慢地从那种冲突的紧张氛围里退出来，回到自己的一呼一吸，回到平静、祥和。奇妙的是，就在我安定下来之后不久，我就听到主办方朋友到老友的房间敲门致歉，老友的情绪也平稳下来。

第二天，老友分享了她的内在历程，她说她从小到大最多的感受就是压抑，从来不敢向家人尤其是父母表达自己的不满，而这次她终于表达出来了，不仅没有被批评、孤立，还被聆听并得到道歉，对她来讲是一个从未有过的经验，她很感激。

4

接纳总是和标准有关，符合那个标准，就接纳，不符合就排斥、批判甚至惩罚。可是，标准来自什么呢？标准来自我们"以为自己知道"。我们以为自己知道什么是最好的，以为知道孩子呈现为什么样子才是好的，事情怎么发展是最好的，自己怎么做是最好的，达成什么目标是最好的……可是，我们真的知道吗？其实我们什么都不知道，我们对于是什么样的缘分形成我们这一世的亲子关系一无所知，我们对于这个孩子的命运版图和未来机遇一无所知，我们对于什么是孩子当下的最好一无所知，我们对于孩子正在经验的是什么以及他经验的这些会为他的以后做什么样的准备，也一无所知。我们只能根据有限的经验做截屏式的诠释，不可能真的知道。如果真的知道，我们就不会焦虑了，就不会不接纳了。正如，课程所言："没有人了解自己问题的真相，倘若了解，就不会介意这些问题了，因为问题的真相是：它根本没有问题。"

5

没有人是靠自己而活，所有人都是一体生命的宠儿，尽管人们有能力否认而屏蔽自己对此的感知。而即便是否认，人们仍然能够享用着维系身体生存的空气，以及大地对身体稳定的支撑。一体生命的仁慈和祝福从未对任何人吝啬，即便我们不时活在自己的执念之中。

父母给孩子的爱当然宝贵，但那只是生命之爱的一小部分，孩子内在的爱才是取之不竭的资源，而孩子在人生路上各种适时的助缘仍在稳定地守候着他去经验，尽管这无法被预知和判断。能够信任未知，是心灵平安的保障；依靠自己有限的判断企图掌控，则是我们的焦虑之源。

6

说到底，我们只是和孩子共度一段时光而已，无法也无须为某个结果负责的我们，有能力放下自己的判断和假想，我们只需要感谢孩子愿意和我们在一起，而且正在和我们在一起。

假如孩子朝气蓬勃、求好上进，我们可以感谢；假如孩子停学在家，选择躺平，我们仍然可以感谢；假如孩子自信满满，是社交达人，我们感谢；假如孩子抑郁狂躁，少与人言，我们仍然可以感谢。

就好比我们和孩子都在人生舞台上穿戴着戏服扮演着角色，出演着自己的悲欣剧情，我们知道落幕之后的我们才是真正的我们，我们知道我们是在和自己的挚爱之人共同出演，而这出剧的唯一内涵就是：无论如何，我们只去爱。而这，就够了。

图书在版编目（CIP）数据

哺喂孩子的心灵 / 孟迁著. -- 北京：作家出版社，
2025.5. -- ISBN 978-7-5212-3339-1（2025.7重印）

Ⅰ. G78

中国国家版本馆CIP数据核字第2025N7Y750号

哺喂孩子的心灵

作　　者：孟　迁
责任编辑：郑建华　李　雯
装帧设计：连鸿宾
出版发行：作家出版社有限公司
社　　址：北京农展馆南里10号　　　　邮　　编：100125
电话传真：86-10-65067186（发行中心）
　　　　　86-10-65004079（总编室）
E-mail:zuojia@zuojia.net.cn
http://www.zuojiachubanshe.com
印　　刷：河北品睿印刷有限公司
成品尺寸：165×240
字　　数：220千
印　　张：14.25
版　　次：2025年5月第1版
印　　次：2025年7月第2次印刷
ISBN　978-7-5212-3339-1
定　　价：49.00元